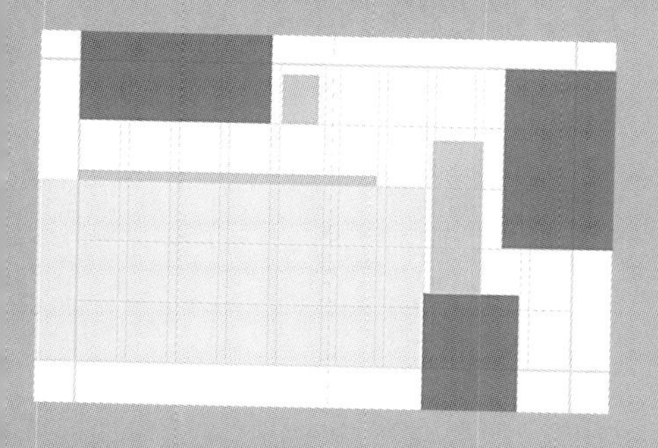

高等院校艺术设计精品教程

顾问 杨永善 丛书主编 陈汗青

省级精品课程

版式设计

（第二版）

辛艺华 编著

华中科技大学出版社
http://www.hustp.com
中国·武汉

图书在版编目(CIP)数据

版式设计（第二版） /辛艺华　编著. —武汉：华中科技大学出版社，2011.3（2022.8重印）
高等院校艺术设计精品教程
ISBN 978-7-5609-3816-5

Ⅰ. 版…　Ⅱ. 辛…　Ⅲ. 版式-设计-高等学校-教材　Ⅳ. TS881

中国版本图书馆 CIP 数据核字(2011)第044243号

版式设计（第二版）　　辛艺华　编著

策划编辑：王连弟
责任编辑：吴　晗
装帧设计：潘　群
责任校对：朱　霞
责任监印：张正林
出版发行：华中科技大学出版社（中国·武汉）
武昌喻家山　　邮编：430074　　电话：（027）87557437
录　　排：武汉正佳数据系统有限公司
印　　刷：湖北新华印务有限公司
开本：880 mm × 1230 mm　1/16
印张：9
字数：289 千字
版次：2022 年 8 月第 2 版第 11 次印刷
定价：49.50元

中国经济的持续发展，促使社会对艺术设计人才的需求持续增长，这直接导致了艺术设计教育的超速发展。据统计，现在全国已有1 000多所高校开设了艺术设计专业，每年的毕业生超过10万人。短短几年，艺术设计专业成为中国继计算机专业后的高等院校第二大专业。经历了数量的快速发展之后，艺术设计教育的质量问题成为全社会关注的焦点。

正如中国科学院院士、人文素质教育的倡导者、华中科技大学教授杨叔子所说："百年大计，人才为本；人才大计，教育为本；教育大计，教师为本；教师大计，教学为本；教学大计，教材为本。"尽快完善学科建设，确立科学的、适应人才市场需求的教学体系，编写质量高、系统性强的规划教材，是提高艺术设计专业水平，使其适应社会需求的关键。华中科技大学出版社根据全国许多高等院校的要求，在精品课程建设的基础上，由国家精品课程相关负责人牵头，组织全国几十所高等院校艺术设计教育的著名专家及各校精品课程主讲教师，共同开发了"高等院校艺术设计精品教程"。专家们结合精品课程建设实践，深入研讨了艺术设计的教学理念，以及学生必须掌握的基础课与专业课的基本知识、基本技能，研究了大量已出版的艺术设计教材，就怎样形成体系完整、定位清晰、使用方便、质量上乘的艺术设计教材达成了以下共识。

1. 艺术设计教育首先应依据设计学科特点，采用科学的方法，优化知识结构，建构良好的、符合培养目标的教育体系，以便更好地向学生传授本学科基本的问题求解方法，并通过基本理论知识的传授，达到培养基本能力(含创新能力和技能)、基本素质的目的；注重培养学生的社会责任感，强化设计服务于社会、服务于人类的思想，从而造就适应学科和社会发展需要的高级设计人才。

2. 艺术设计基础课教学要改变传统的美术教育模式，突出鲜明的设计观念，体现艺术设计专业特色，探索适应21世纪应用型、设计型人才需求的基础教育模式。

3. 艺术设计是一门实践性很强的学科，社会需要大批应用型设计人才，因此教材编写应力求以专业基础理论为主，突出实用性。

4. 艺术设计是创造性劳动，在教学方法上要通过案例式教学加以分析和启发，使学生了解设计程序和艺术设计的特殊性，从而掌握其规律，在设计中发挥创造精神。

5. 艺术设计是科学技术和文化艺术的结合，是转化为生产力的核心环节，是构建和谐社会不可缺少的组成部分。艺术设计的本质是创新、致用、致美。要引导学生在实训中掌握设计原则，培养创新设计思维。

6.“高等院校艺术设计精品教程”将依托华中科技大学出版社的优势，立体化开发各类配套电子出版物，包括电子教案、教学网站、配套习题集，以增强教材在教学中的实效，体现教学改革的需要，为高等院校精品课程建设服务。

令人欣慰的是，在上述思想指导下编写的部分教材已得到艺术设计教育专家的广泛认同，其中有的已被列为普通高等教育“十一五”国家级规划教材。希望“高等院校艺术设计精品教程”在教学实践中得到不断的完善和充实，并在课程教学中发挥更好的作用。

国务院学位委员会艺术学科评议委员会委员

中国教育学会美术教育专业委员会主任

教育部艺术教育委员会常务委员

清华大学美术学院学位委员会主席

清华大学美术学院教授、博导

杨永善

2006年8月19日

第二版前言

《版式设计》一书自2006年出版以来，至今已第五次印刷，这至少说明两点：第一，本书的内容为社会所需；第二，本书的质量被社会认可。作为作者，这一反馈令人欣慰。同时也说明只有全身心地投入教学，其成果才能得到肯定。

当前的中国设计界正处在一个激动人心的时代，经济的高速发展使中国的艺术设计有了长足的进步，这个现实已经让处于艺术设计教学一线中的教师深切地感受到了。随之而来的是需求所产生的压力，驱使着艺术设计教学不断地重构或建构其核心课程，尤其是专业基础课程，所以，在初版问世之后，我们一直对该课程进行持续地研究，这一工作体现在两个方面。第一，教学模式的探讨。我们在教学中引进“双主教学模式”，艺术设计教学流程为：案例分析（手段→目的分析法）、设计方法（解决设计问题）、设计评估（优化设计，完成信息的视觉传达），通过探索研究性教学方法，实现教与学角色的互动，激发学生自主性、研究性学习能力。第二，教学方法的拓展。强化动手，培养学生解决具体设计问题的能力；强化动脑，培养学生整体性思维能力。2008年，“版式设计”课程被评为湖北省精品课程；2009年，作者主持完成的湖北省高校教学研究项目“版式设计课程教学改革与研究”获得由湖北省人民政府颁发的第六届湖北省高等学校省级教学成果奖二等奖；“版式设计”课程CAI课件获得第十三届全国多媒体教育软件大奖赛三等奖、第九届全国多媒体课件大赛三等奖，再版《版式设计》中的专题十一《图文并茂、相辅相成——谈谈〈土家族民间美术〉的版式设计》一文获得第七届全国书籍设计艺术展览“最佳论文奖”。

本书再版在内容上有如下更新。

一、在原理篇中加入了近几年教学中的新思考和新观点；在第四章增加了课程项目“版式设计拼贴”，由武汉理工大学艺术与设计学院副教授熊文飞主持，他将自己在中央美术学院第五工作室访学时研修的简善梅（Amy Gendler）教授Editorial Design课程体验纳入自己的教学课堂中，颇有教学收获。

二、在专题篇中增加了三个新的专题。本书再版共计十一个专题：专题一、专题二由华中师范大学美术学院（现湖北美术学院设计系）副教授张朴撰写；专题三由《楚天都市报》记者苏争撰写；专题四由青岛大学美术学院讲师黄钺、《瑞丽·伊人风尚》杂志美术编辑李燕撰写；专题五由青岛大学美术学院讲师黄钺撰写；专题六由武汉理工大学艺术设计学院副教授熊文飞撰写；专题七、专题八由华中师范大学美术学院讲师庄黎撰写；专题九由华中师范大学美术学院讲师严胜学撰写；专题十、专题十一由华中师范大学美术学院教授辛艺华撰写。

三、通过研究型教学，我们加强了教学设计，在教学过程中产生了大批优秀的学生作业，本书对优秀学生作业进行了精心选取，渴望与大家共同分享教学的收获与乐趣。

本书能受到广大读者的喜爱，这是对我们工作的最大鼓励与鞭策；华中科技大学出版社王连弟老师多年来始终关心着本课程教学的每一点进步，并积极促成本书的再版，对她的热情和敬业，我们十分钦佩。作为主编，我还要感谢我的年轻团队，他们将自己在教学和设计中积极探索所获得的智慧结晶慷慨地呈献给大家；当然，还有那些积极参与每一个教学环节的学生们，他们对知识的渴望和青春的朝气时时感染和激励着我们，使课堂教学充满生机，让我们看到未来的希望！

辛艺华

2011年2月19日于桂子山

第一版前言

“版式设计”作为20世纪90年代末开设的新课程，教学中可参考的资料很少。我们主要依靠专业设计中对版式设计的理解来编写教案、制作多媒体课件，通过6年的课堂实践环节而将其逐步完善。最近几年国内陆续翻译出版了国外有关版式设计的教材，兼收并蓄使得本课程体系有了长足的发展。但随之又出现了新的问题，国外版式设计教材立足于以外文为基础的版式理论，而中文的笔画与形式特征与外文有极大的差异，致使许多学生面对中文编排时，很难从汉字的角度去思考其版式的特点。

此外，我们对近年来出版的诸多同类教材中的信息重复感到诧异。版式设计的复杂程度与日俱增，新的技术层出不穷，而我们的专业教学系统尚不能有效地应对设计中出现的新问题，我们需要的不是空头理论，它完全不必面面俱到，但必须将版式设计的基本技能阐发得细致详尽、浅显易懂。

符合这种要求的教材，确实不易求得。于是，我们开始致力于对这一难题的探索。本书的内容，主要得自于我们多年来从事版式设计教学工作的经验。我们的观点是在回答不同水平学生——从新生到设计学硕士的课堂提问时逐步形成的。

这些答疑解惑的经验告诉我们，有些方法对学习版式设计颇为有效。比如采用研究性学习方法，确定专题性课题设计，以“专题案例（范图）→案例分析→知识点运用分析→总结→作业及范图”为教学框架，将版式设计原理融入对优秀设计作品的分析中，让学生能从版式案例分析中掌握所呈现的设计技能，因教程的提示与要求领略并尝试运用这些技能。我们在课程设计中，强调每一章节的学习重点及难点，引导学生在实战训练中熟练掌握设计原则。除此之外，我们既注意认知方法，帮助学生拓展解决问题的能力，又从个人的角度对问题进行重新评估，鼓励用概念发展技巧，从案例中发现设计原则，以展现版式设计方案的多样性和挖掘解决问题的各种潜在因素。让学生增强解决问题的能力和信心，打破习惯性思维框架，解放和加强自己的想象力和创造力。

本书的编著工作由华中师范大学美术学院辛艺华教授主持，具体分工如下：大纲和体例由辛艺华拟定，同时辛艺华教授还撰写原理篇、专题七、专题八，以及负责全书的统稿工作；专题一由华中师范大学美术学院副教授张朴撰写；专题二由《楚天都市报》记者苏争撰写；专题三由青岛大学美术学院讲师黄钺、《瑞丽·伊人风尚》杂志美术编辑李燕撰写；专题四由武汉理工大学艺术设计学院讲师熊文飞撰写；专题五由华中师范大学美术学院教师庄黎撰写；专题六由华中师范大学美术学院教师严胜学撰写。参与本课程实践环节的是华中师范大学美术学院视觉传达设计专业的学生们，他们的合作及精彩的作业使我们的教材得以充实，在此一并致谢！

辛艺华

2006年6月9日于桂子山

原　理　篇

专 题 篇

原理篇

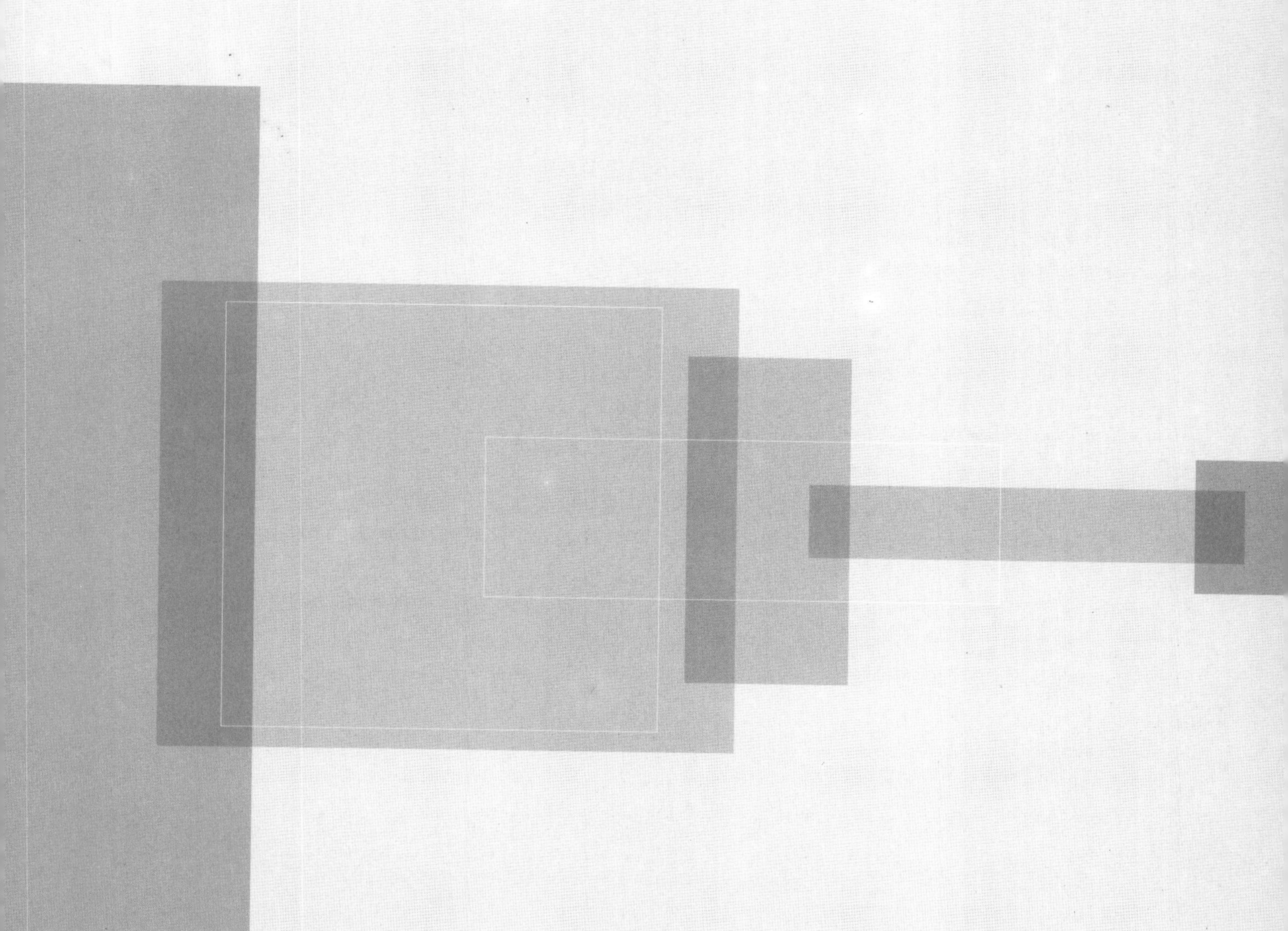

第一章　版式设计概念

第一节　版式设计概念导入

【设计测验】提供文本800字，图10幅。

设计元素：图片、文字、标题。

设计测验：将以上3种元素组合起来，进行版式设计。

设计类型：书籍、宣传册、多媒体课件界面等自定（A4幅面）。

测验时间：2课时。

【课程导入】

当我们面对设计主题，有了一个好的设计创意时，接下来就是如何把这一创意表现出来。设计创意的表现元素不外乎图形（或图片）、标题字、正文和色彩，这些统称为版式设计的四大元素。

可以说，任何具体的设计，最后都会落实到对这四大元素的应用上来。

作为设计专业的学生，每开始学习一门新的课程时，都要习惯于提出以下几个问题。

这门课程的学习目的是什么?

这门课程将要解决什么问题?

这门课程的构成要素是什么?

这些要素有什么作用?

需要怎样的结构才能使它们结合起来达到设计目的?

版式设计课程的教学目的，是要求学生把版面上所需要的设计元素进行必要的编排组合，成为直观动人、简明易读、主次分明、概念清楚的美的构成，使其在传达信息的同时，也传达设计者的艺术追求与文化理念，从而给读者提供一个优美的阅读“空间”。

版式设计又称编排设计，是平面设计的一个组成部分，是视觉传达设计的重要环节。版式设计通过调动各类视觉元素进行形式上的排列组合，突出版式上新颖的创意和个性化的表现，强化形式和内容的互动关系，以期产生全新的视觉效果。

版式设计的创意不完全等同于平面设计中作品主题思想的创意。版式设计中各元素既相对独立，又必须服务于其主题思想。优秀的版式设计必须突出主题，使之更加生动，更具有艺术感染力。

版式设计涉及平面设计的各个方面，例如广告设计、包装设计、书报刊设计、展板设计、多媒体界面设计等（见图1-1）。

版式设计的重点在于整体把握版式设计中四大要素的构成关系。

课题设计训练的目的：理解黑、白、灰整体分区概念，点、线、面在版式设计中的运用，各种设计原则及表现；把握具体设计内容与表现形式之间的内在关系；熟练掌握文字与文字、文字与图形、整体与局部之间的构成关系。

总之，版式设计重在强化创意能力，使设计从被动走向主动，从单一走向多元。在创造性的活动中，让设计者能更加积极主动地参与表达主题思想的版式创意设计，使版式设计更有情趣，更富内涵，更显新颖。

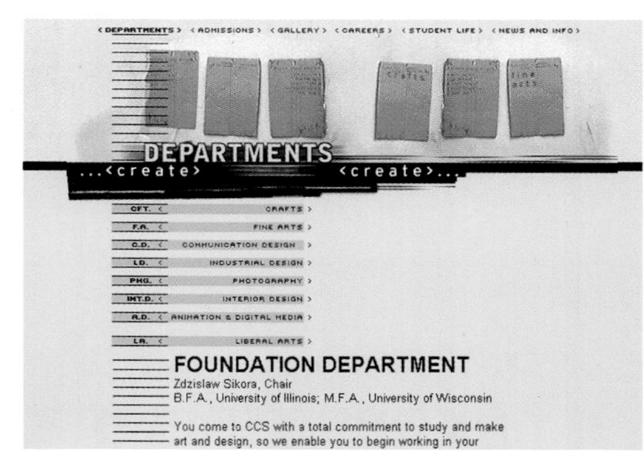

图1–1

第二节　中国传统书籍的版式

1.中国传统书籍的版面术语名称

中国的传统印本书籍在制作时只印纸的一面。每一张纸从中央对折，成为一页的两面。书的每页上有特别的形式及线条，其名称有助于解释它们的性质及其功能。一张纸的印刷部分与木板大小相同，称为版面（见图1-2）。版面中央折叠处称为版心。版心中央有一黑线，有粗有细，称为象鼻。以此线为准进行折页，或有上下相对的两个凹形尖角黑花，称为鱼尾。凹形的尖顶处为折页的标准。版心处可以有一细栏文字，为两页内容章节的小标题、页次，有时也是印本分卷的号码及题目，或本张字数及刻工姓名。宋版书籍有时在版边的左上角印一长方形符号，内写卷次，称为书耳。

书页的上下边缘空白处分别称为天头、地脚。天头一般较宽，地脚一般较窄。天头又称书眉。书的每页画成行格，行与行之间有细线区分，称为界，每页四边均有边栏，或为单线，或为双线。书的正文印在行内，为大字

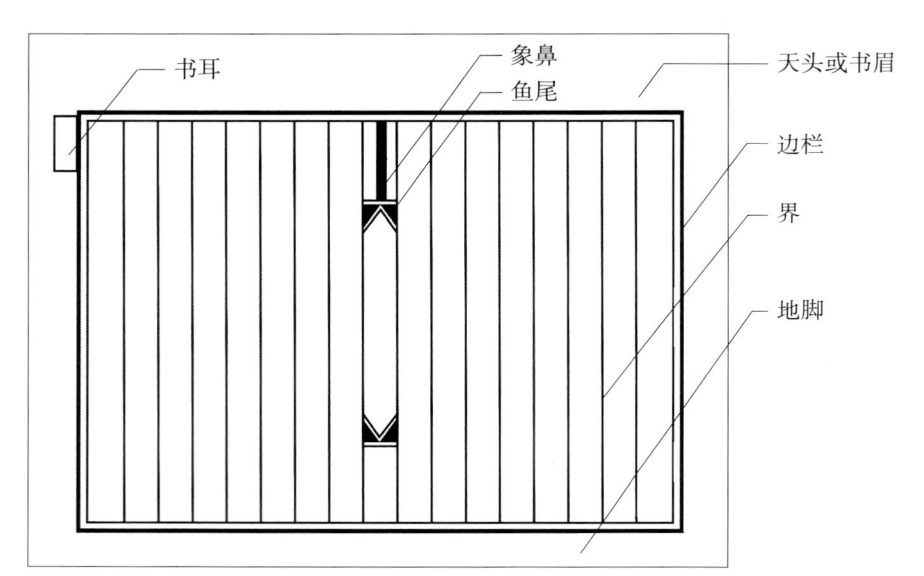

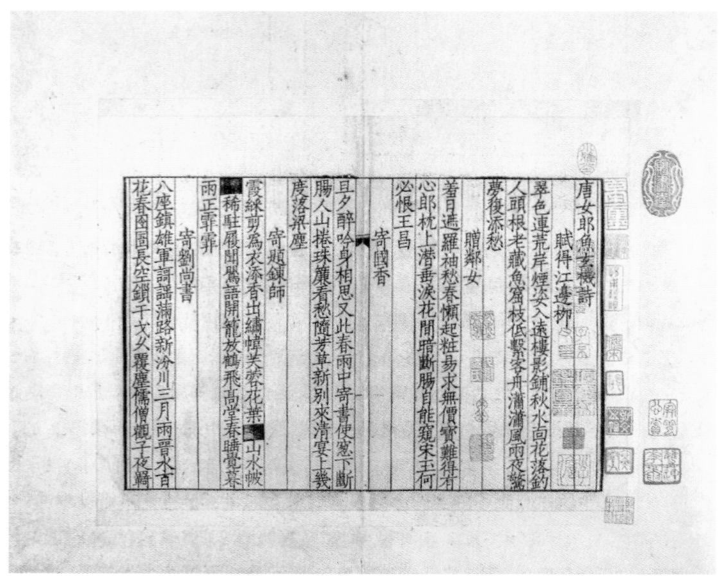

唐女郎魚玄機詩
賦得江邊柳
翠色連荒岸煙姿入遠樓影鋪秋水面花落釣
人頭根老藏魚窟枝低繫客舟蕭蕭風雨夜驚
夢復添愁
贈鄰女
羞日遮羅袖愁春懶起粧易求無價寶難得有
心郎枕上潛垂淚花間暗斷腸自能窺宋玉何
必恨王昌
寄國香
旦夕醉吟身相思又此春雨中寄書使窗下斷
腸人山捲珠簾看愁隨芳草新別來清宴上幾
度落梁塵
寄題鍊師
霞綵剪為衣添香出繡幃芙蓉花葉□山水帔
□稀駐履聞鶯語開籠放鶴飛高堂春睡覺暮
雨正霏霏
寄劉尚書
八座鎮雄軍歌謠滿路新汾川三月雨晉水百
花春囹圄長空鎖干戈久覆塵儒僧觀子夜羇

南宋后期临安府（今杭州）陈宅书籍铺刊《唐女郎鱼玄机诗》

图1-2

【课后阅读推荐】

[1] 张秀民. 中国印刷史（上、下）[M].杭州：浙江古籍出版社，2006.
[2] 钱存训. 中国纸和印刷文化史[M].桂林：广西师范大学出版社，2004.
[3] 杨永德. 中国古代书籍装帧[M].北京：人民美术出版社，2006.
[4] 熊小明. 中国古籍版刻图志[M].武汉：湖北人民出版社，2007.

单行，书的注释或批语则以小字双行印在所注的句或字下，同在一行之内。每一页可划分5~10行，每行容10~30字（大字）。这种印法的基本版式及中国传统印本书籍所用的某些版面术语名称直至近代仍被沿袭使用。

书最重要的部分当然是正文，正文通常以不同风格的楷书印刷。宋代的雕版刻字至少使用了最为流行的三家书体，即欧体、颜体（图1-3所示为颜体字刻印的宋版《史记》）、柳体。欧体笔力刚劲，笔画清朗；颜体笔画肥厚，笔意凝重；柳体笔意清秀，结构端正，字画平直，自成一派。一般说来，北宋刻本多效法颜体，南宋多采用欧体。雕版印刷普及后，产生了一种横细竖粗、醒目易读的印刷字体，后世称为宋体。

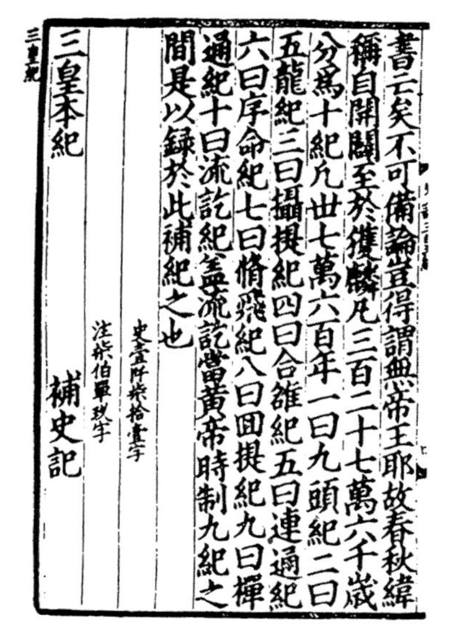

書云矣不可備論豈得謂無帝王耶故春秋緯
稱自開闢至於獲麟凡三百二十七萬六千歲
分爲十紀凡世七萬六百年一曰九頭紀二曰
五龍紀三曰攝提紀四曰合雒紀五曰連通紀
六曰序命紀七曰脩飛紀八曰回提紀九曰禪
通紀十曰流訖紀蓋流訖當黃帝時制九紀之
間是以錄於此補紀之也
三皇本紀
補史記
图1-3

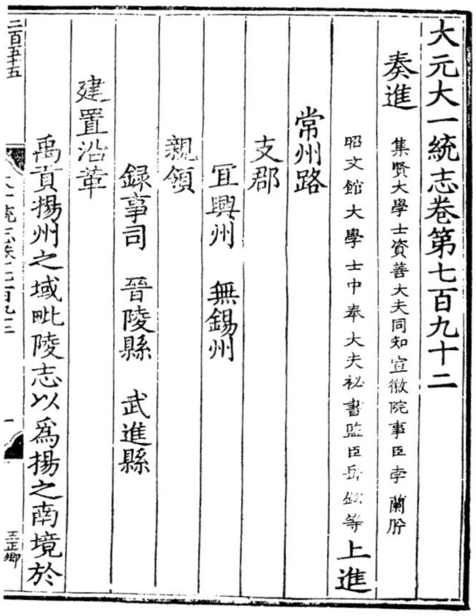

大元大一統志卷第七百九十二
集賢大學士資善大夫同知宣徽院事臣孛蘭肹
奏進
昭文館大學士中奉大夫祕書監臣岳鉉等
上進
常州路
支郡
宜興州 無錫州
親領
錄事司 晉陵縣 武進縣
建置沿革
禹貢揚州之域毗陵志以爲揚之南境於
图1-4

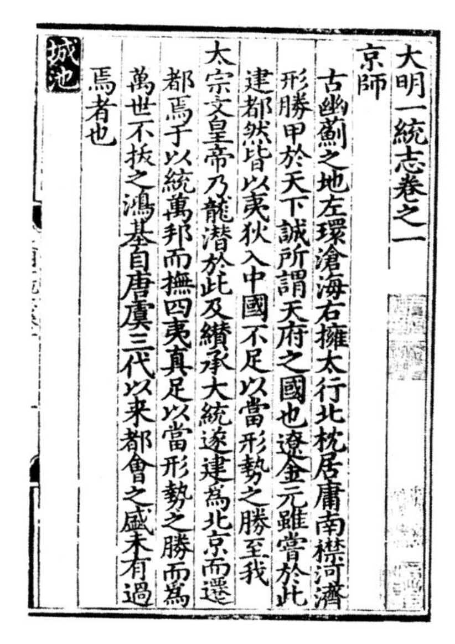

大明一統志卷之一
京師
古幽薊之地左環滄海右擁太行北枕居庸南襟河濟
形勝甲於天下誠所謂天府之國也遼金元雖嘗於此
建都然皆以夷狄入中國不足以當形勢之勝至我
太宗文皇帝乃龍潛於此及纘承大統遂建爲北京而遷
都焉于以統萬邦而撫四夷真足以當形勢之勝而爲
萬世不拔之鴻基自唐虞三代以來都會之盛未有過
焉者也
城池
图1-5

2. 中国传统书籍的版式设计特征

传统中国书籍的版式是直排，从上到下、从右到左。

图1-4所示的是元刻本《大元大一统志》的章节目录，文字信息依章节名、作者、章节内容的顺序从右往左排列。在章节内容的编排中，内容按由大到小，以及文字上下分级别穿插排列，将信息层次清晰地显示出来。

图1-5所示的是明刻本《大明一统志》的版式。标题顶格书写，正文较标题低一字编排；需要强调的内容如“城池”用黑底阴文表现，在版式中形成强烈的黑白对比关系；正文中对于尊者都须另起一行，抬头顶格以示尊敬；文字级别中自然留出的空行形成空白空间，加强了正文“面”的整体感觉。

图1-6

元代课本、小说、杂剧、历史话本中插图数量大量增加，通常每页上端约三分之一用于插图，其下约三分之二用于排正文。这种版式安排中的插图起着装饰及帮助理解文字的作用，图1-6所示的是《全相三国志评话》，是插图本的典型版式。

指南車圖
图1-7

图1-7所示的是明刊本《三才图绘》中的《指南车图》。标题位于书眉，页面分纵向三栏，正文占一栏，插图占两栏。空间留白的插图区与排列整齐的正文区之间形成强烈的黑白对比关系，使整个页面版式极具装饰性。

上述案例介绍了传统中国书籍在版式设计中对标题、文字、插图处理的一些典型手法。宋代之后，中国书籍的版式风格已独具特征，值得深入挖掘。

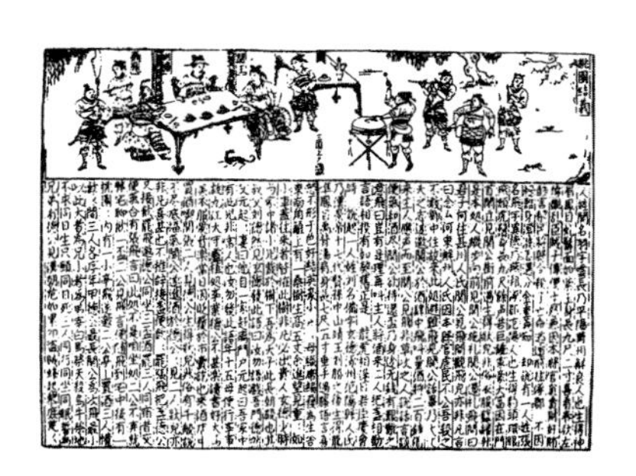

【课后思考题】

1. 了解中国传统书籍版式的设计风格，并就编排样式、字体选择、空白空间、图文关系、信息传递方式等谈谈自己的认识。
2. 谈谈中国书法字体的风格与呈现的气质。
3. 查阅相关资料，了解何为“问题意识”。

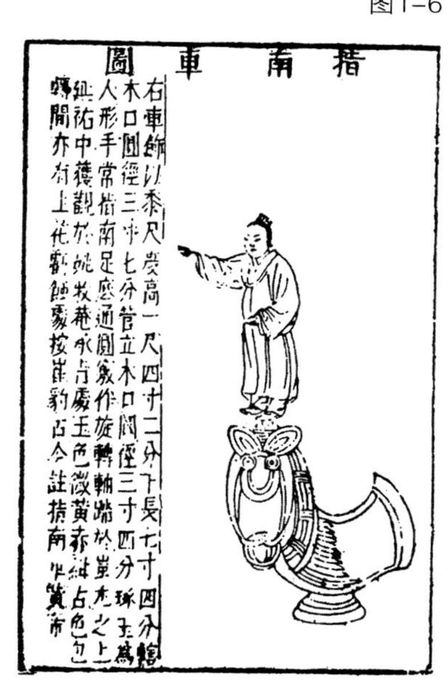

第二章　版式设计原则

第一节　整体性原则

通常，我们对版式设计的一些常识大都来自于平时的一般性阅读。诸如翻阅精美的杂志、观看电影大片、参观大型展览、浏览动态网页时，杂志的编排、电影的片头安排、展版的设计、网页的布局这些版式设计时常进入我们的视线，这就看我们是否留心，能否以专业的眼光去看待版式。

整体性是版式设计的前提。版式设计的创意不同于一般的创意，它必须服务于设计的主题思想。优秀的版式设计往往是将各种编排元素融为一体，以整体的形式与张力传递出视觉信息，使之更具有艺术感染力。

因此，好的版式设计的最终目的是使版面具有条理性，更好地突出主题，达到最佳的诉求效果。

1. 建立信息等级，以明确的主次关系传递设计主题

素描可以通过明暗关系来强调画面的主次；色彩也能通过冷暖色调的对比来表现空间与光影，突出对主体的烘托。在版式设计中，同样要把主次关系放在首位，从而提示读者哪些是重要的信息，在哪里能获得重要的信息。

面对纷乱繁杂的信息，版面设计的目的就是要从混乱和随意中找出条理，给读者提供明确的阅读点。成功的版面设计应该使读者知道哪个信息最重要，应按什么顺序来阅读，从而知晓所要表达的主题。这种依信息主次的设计称为信息等级编排。即使是在偏爱表面视觉混乱的当代设计作品中，设计师也会运用信息等级编排，便于受众理解所要传递的主题。突出的例子是漫画书的版式，在看似乱七八糟的画面里，始终有一条连贯的主线，似乎在强迫你遵从它的引导。表面的“乱”反而激起阅读的挑战性，调动读者寻宝似的好奇心。

(1) 建立信息等级

当面对一个需要表现的信息主题时，首先应该做的就是对文本信息进行认真分析和提炼，依信息主次建立起信息等级，编写出设计大纲。例如，针对文本信息，将一级标题、二级标题、三级标题、正文等进行同类标注，这样便于对各级标题及正文的字体、字号、色彩进行总体的设计。

(2) 选择表现主题的元素

构成版式设计的四大信息元素是图形、标题字、正文和色彩，在对文本信息进行分类的前提下，应该选择四大信息元素中适合传递主要信息的最佳元素，诸如选择图形或选择标题字等。在选择时必须要随时想到元素中哪些典型的方面或部分能够集中地提示信息自身。只有通过对文本信息的具体分析，才能在设计中以独特和精确的形式表现主题的概念和形象，使信息传递清晰连贯而不至于本末倒置。

2. 将编排元素抽象化，便于把握版式设计中黑、白、灰的整体布局关系

在版式设计课程的学习中，学生容易关注版式设计中的一些细节，诸如变体字的造型、文字绕图编排、图形的特效、过多变化的色彩等，忽略了版面的整体构成，而整体构成却是版式设计最先应该建立的概念。

将编排元素抽象化，就是要学会用点、线、面这些抽象元素来代替具体的信息元素。抽象是指大脑在完全超脱了具体事物的形象或完全不受它们约束的情况下所进行的组织活动。抽象的形便于我们抛开细枝末节，从整体上去把握各编排元素间的构成关系，同时也便于我们运用平面构成中黑、白、灰的构成原理来分析版式中的整体布局。

【作品分析一】

在图2-1所示的设计中，将产品图形、标题、副标题、正文这些具体的编排元素抽象成矩形，用色彩或不同明度的灰进行表现。通过这种归纳，几个大的几何图形共同构成了画面的整体关系。

基于此，才可进一步关注细节部分的处理。图中副标题的块面因白线破坏了外轮廓形，正文块面有一行黑字穿插其中，形成矩形内部丰富的黑、白、灰关系，使局部变化生动有趣，又不破坏整体效果。

在某种程度上，平面设计就是形状的安排和组织，通过分析作品来建立整体观，必须在大脑中抛开标题、文字、视觉资料和其他元素的含义，抽象地去看待它们，尝试将它们归纳成几何形，以此分析形与形之间构成的黑、白、灰关系，领悟如何将编排元素进行整体设计的思路。

【作品分析二】

在图2-2所示的设计中，用黑、白、灰的关系对版式进行整体分析。深色图片为黑色区域，将版面中的黑定位于此，图片说明文区为高明度灰色区域，与右下方的空白区域一同构成视觉上的白色区域，黑与白的强对比关系安排在右页，构成对开页的重点。左页引文及正文区共同构成中明度灰色区域；高明度灰色区域的说明文穿插进正文中，与正文形成前后空间关系，不同明度的灰色块面共同构成弱对比关系，使左右页之间的主次关系一目了然。

值得一提的是，为了突出右页的重点，引文与正文在明度关系上保持一致，形成一个整体。这里，设计师巧妙地通过对引文位置的安排和色彩的点缀，使引文与正文之间构成局部的主次关系，使信息级别清晰地表现出来。

【作品分析三】

在图2-3中，首先应找出隐藏的纵向分栏线（见橙色线），同时注意非常重要的一根水平线，这两组线条是信息编排的基本框架。

在分栏线的定位下，标题跨越三栏安排在左页上部。由于这一区域仅安排标题，没有其他元素干扰，因此，标题字选择了清新秀丽高明度的粉红色书写体，一改常规以粗体作为标题字的做法，在标题区中形成高明度块面，但它同样醒目。

图2-1

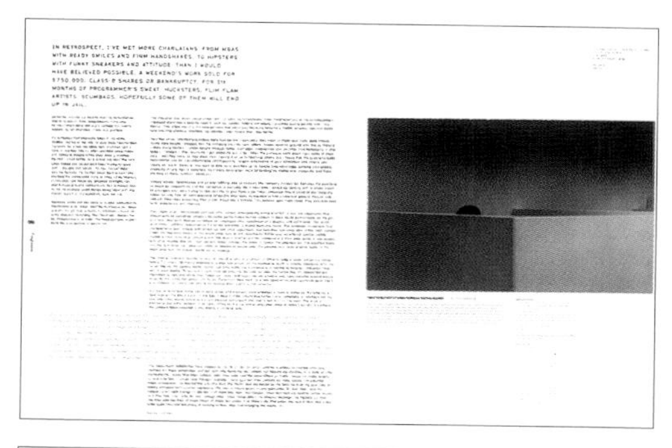

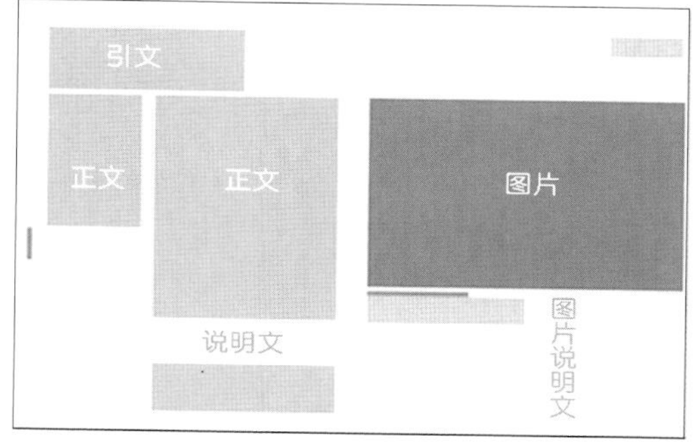

图2-2

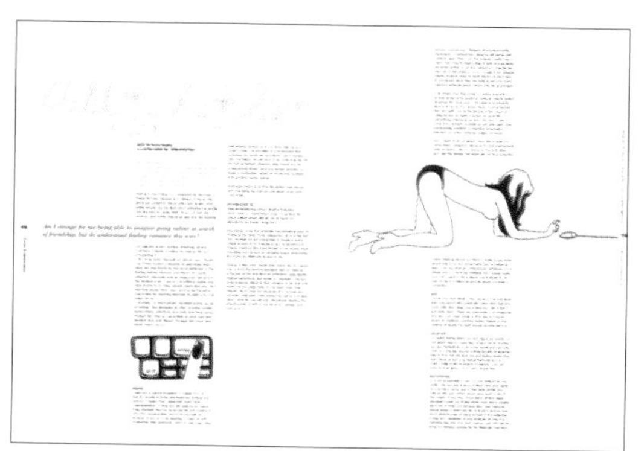

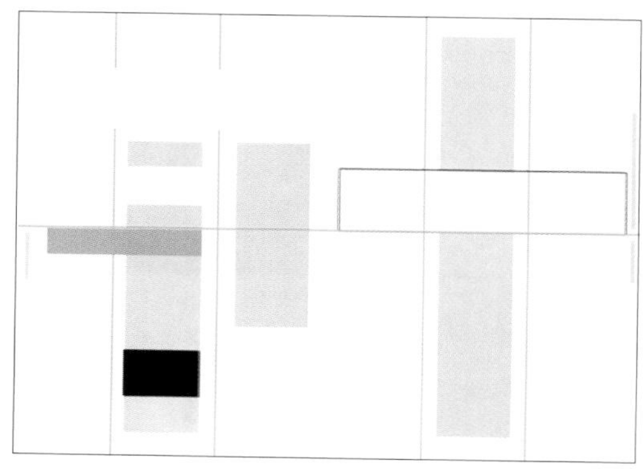

图2-3

正文在纵向的六栏中占据了三栏，因间隔编排而形成节奏感，构成了版面整体的黑、白、灰关系。

通常，在安排好标题与正文的整体关系后，再进行局部细节的处理。左页中，在第一栏正文区域内，将高明度的粉红色文本和低明度的插图安排在这一栏中，构成局部的黑、白、灰变化而又不破坏正文栏的外轮廓线；同时，用中明度的文本破坏第一栏正文区域，通过穿插构成前后空间。

右页中，在正文区域，手绘插图沿水平线方向穿插其中，正文与插图之间形成面与线的对比，使阅读变得轻松愉快。

【课堂作业】单页版式分析。

提供6幅设计作品，要求用黑、白、灰进行整体版式的分析。

【作业讲评】

问题：学生在对作品进行分析的过程中，过多地关注局部而忽略整体。

图2-4所示的左图是杂志中化妆品的广告宣传页设计，右图所示的是学生第一次版式整体分析图。从图中可以看出，学生在分析时，过多地关注局部，没有注意设计图左页中产品与正文之间的间隔关系。

原因：学生头脑中固有的从局部分析入手的习惯根深蒂固。

解决方法：忽略小的变化，归纳图形、标题字、正文在设计中所形成的外轮廓形，分析形与形之间构成的黑、白、灰关系及形在空间中的位置和比例。同时，还需要反复强化作品分析，建立牢固的整体概念。（见图2-5）

【优秀作业】参见图2-6。

【课堂作业】系列版式分析。

所谓系列版式设计是相对于单幅作品的版式设计而言的，通常为多页面信息的呈现（见图2-7），例如书籍、杂志、型录及媒体网站等，这类设计项目的主要特征是传达大容量的信息。一般情况下，设计师对大容量信息的处理在视觉上都有整体及全局的设计考虑与安排，以形成信息传递的连贯性。因此，在对系列版式设计作品进行分析时，充分考虑信息的结构、层次、导向和表现形式及建立基本的组织系统至关重要。

正确的分析方法是将系列作品放在一页上依次排列起来作整体分析。分析的内容包括三个方面。第一，在这一系列中，哪几页是以黑色为主色调，哪几页是中色调，哪几页是高明调，这是调式的分析。第二，图片在系列设计中哪几页是整张编排，哪几页是半张编排，哪几页是多幅图并置，图与图之间如何呼应，这是图片布局的分析。第三，标题在每一页中与其他元素的关系是如何处理的，正文文本在每一页中如何分区，在版式中充当哪种色调关系，这是文本布局及调式分析。

在练习中，以上分析可以用文本表述出来，但要快捷；在具体的形式分析中，整体概念应内存于心。

系列版式分析的目的：着重于对学生系统性思维能力的培养，以使学生从多变量的信息中求得对信息的整体性思考。

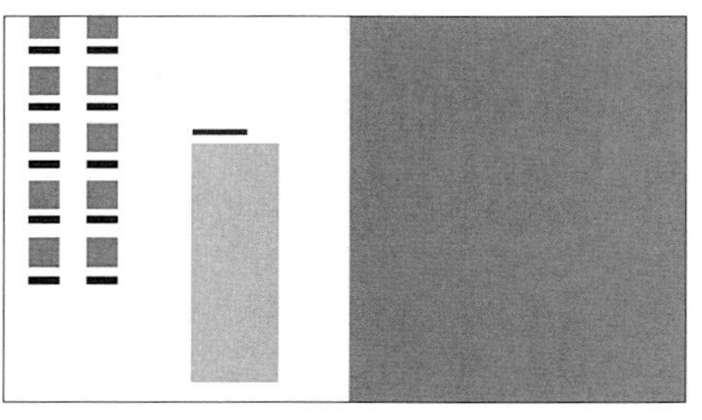

图2-4

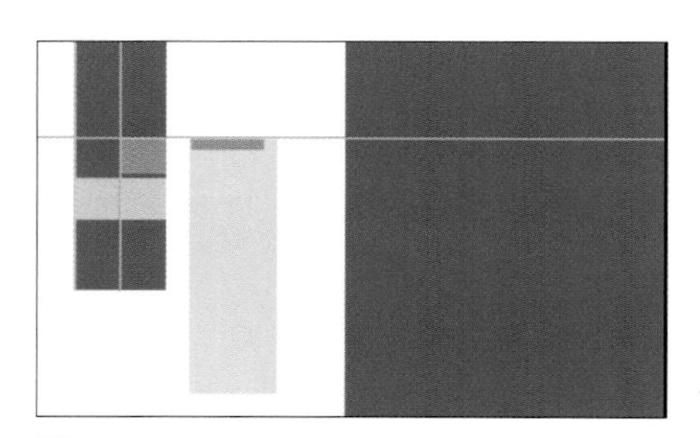

图2-5

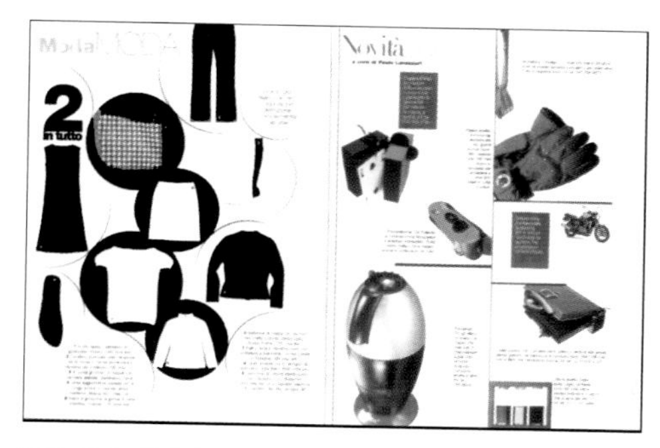
Novità
2
in tutto

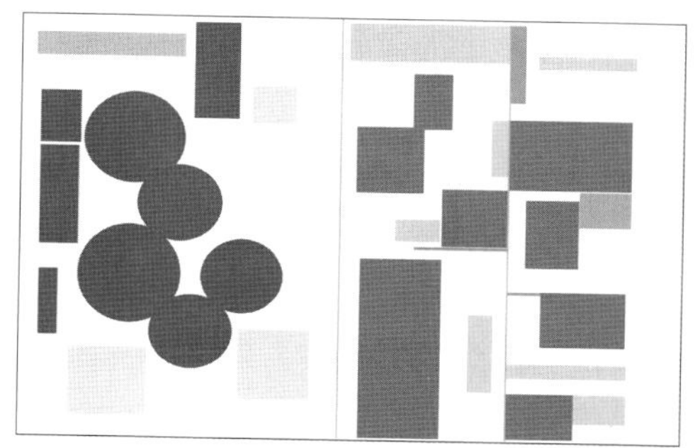

YES, IT'S NORMAL TO DO A BRIEF
VICTORY DANCE
AFTER YOU SEE YOUR BILL.
YOU'D BE GIDDY, TOO,
IF YOU WERE STAYING A WEEK AT
CANDLEWOOD SUITES.
VALUE

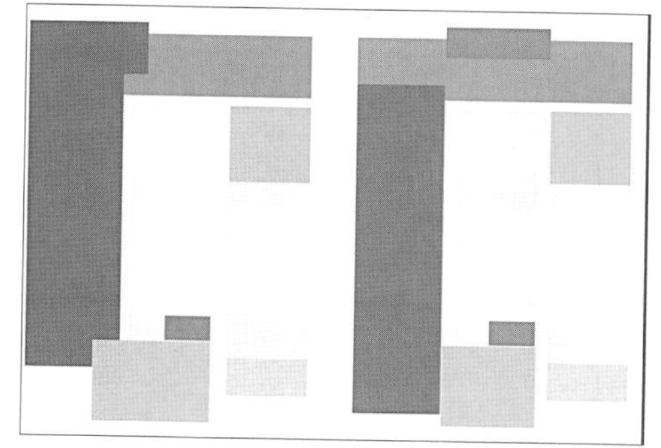

THE STATE OF TECHNOLOGY

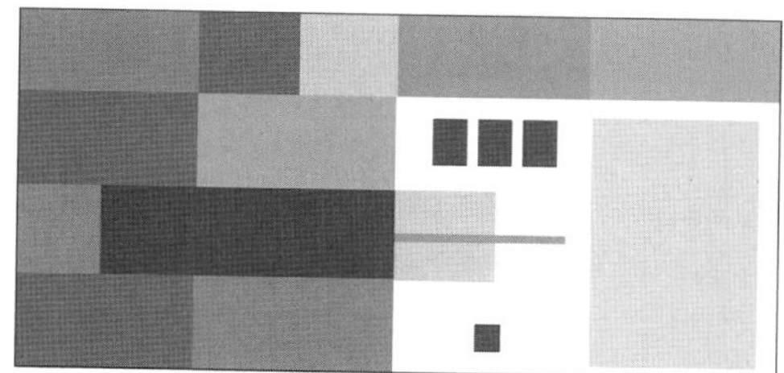

brrr...
Binoche

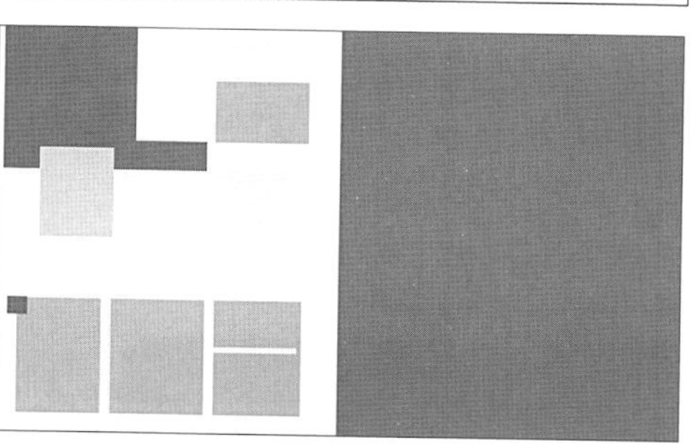

图2-6

图2-7

第二节　简洁性原则

成功的版式设计应尽可能充分而简洁地描述内容，能够引导读者无意识地阅读。

在版式设计中，我们的工作并不是将信息占满所有的空间，以此来打动读者，那样，读者只会被过多的信息淹没而不知所措。如果使用非信息元素达不到目的，或仅仅为了装饰，一定要慎用或不用。尽管近年来我们看到了大量的令人眼花缭乱的设计作品，但设计质量的好坏是与它的简洁和清晰成正比的。

成为整体而又不杂乱的版式设计取决于三个方面：其一，编排元素所形成的外轮廓形；其二，分区所形成的外轮廓形；其三，正负形之间的构成关系。形与形之间只有具备简洁的外观，才能使版式呈现出整体的视觉效果。

设计中的简洁不等于简单。“简单”主要是从量的角度去考虑。简单是指某一个式样中只包含很少几个成分，而且，成分与成分之间的关系很简单。如果用这种简单的形式传达一种简单的信息，肯定只会产生简单的结果，在设计中，只能导致受众产生厌倦感和单调感。“简洁”在设计中具有与“简单”相对立的另一种含义。好的版式设计是把丰富的意义和多样化的形式巧妙地组织在一个统一的结构中。在这个整体的结构中，所有的细节不仅各得其所，而且各有分工。因此，就绝对意义而言，当一个版式只包含少数几个结构特征时，它便是简洁的；就相对意义而言，如果一个版式能用尽可能少的结构特征把复杂的编排元素和信息组织成有序的整体，我们就说这个版式的设计是简洁的。任何简洁的形式最终都要传达出一种远远超出形式本身的意义，让读者有回味的余地。

使版式简洁的方法有以下几种。

（1）使图形具有对称和规则的轮廓线

根据平面构成的原理，左右对称的形较之左右不对称的形容易成为图，同时，形的轮廓线越单纯越易成为图。在版式设计时，我们要习惯于将编排元素抽象化，将它们归纳为一定的抽象图形，并使形的外轮廓呈现出对称性和单纯性。

（2）整体形应具有单纯性

版式设计是由各编排元素的抽象形共同构成的整体结构，这个整体结构也同样呈现出形的特征，只有当整体形的简洁程度比各个组成部分的形的简洁程度高时，版式才显得简洁，整体才愈显得统一。但是，如果各个组成部分的形的简洁程度比整体的形的简洁程度高，那么，这些部分形就会从整体中独立出来，从而破坏整体形的简洁性。

（3）把握正负形之间的构成关系

在版式设计中，图形与图形、图形与文字、文字与文字之间都是可见的形与形之间的构成关系，学生经过一定时间的训练能很快把握；而编排元素与空白空间之间正负形的构成关系，学生在设计中很容易忽略。在版式设计中如何把握正负形之间的整体关系呢？我们不妨用平面构成的原理来进行版式分析。正负形之间通常表现为三种形态。第一，正形大于负形，形易从背景中突出。这种方式反过来也能成立。例如，德国设计常常在版式中留出大面积的空白空间，编排元素在版面中面积较小，就是这个道理。第二，正负形反转。这是形与形构成的一个特例，通常在版式中很少运用。第三，正负形等值。当形的面积之和与空白空间面积之和接近时，如果正负形之间连续并穿插在一起，形就处在断裂的状态，形的呈现就会含糊且不明确，这也就是我们常说的版式很“乱”。这时就需要将正形进行聚合，构成一个整体形。一旦正形有规律可循，负形也会整体明确，整个版式就会变得非常简洁。无论版式设计的风格是繁是简，只要所呈现出的信息具有逻辑性，可以引导读者轻松浏览，这样的版式即为简洁。（见图2-8）

【重点提示】读者的下意识阅读习惯。

① 从左往右看。

② 从顶部开始，再沿着页面一直往下。

③ 出版物的各页是相互关联的。

④ 邻近相连，远距离则意味着分开。

⑤ 大而深的是重要的，小而浅的是次要的。

⑥ 任何事物都有形状，包括“空”的空间。

作为一个设计师，在设计时，应遵循读者的阅读习惯，而任何一种逆向设计都应慎重考虑。

图2-8

第三章 版式设计原理

第一节 分类

在广告无处不在的今天，大多数消费者都有这样一个习惯——回避，不愿意多费神去挖掘信息的含义及其重要性。如何让广告吸引消费者的注意力？这就需要设计人员对广告涉及的信息进行分类，从混乱中理出头绪，从而引导消费者。因此，分类是版式设计前的准备，是一个从各级别信息中筛选出所需要的重要信息元素的过程。

1. 同类合并原则

信息等级的寻找遵循的就是同类合并原则，信息等级处理是成功设计的关键。

面对一项设计任务时，首先必须认真阅读文本，对信息进行分类和归纳。在文本中应将信息等级一一标注清楚，诸如标题、副标题、子标题、引文或说明文、正文等，对不同级别的信息含量（特别是正文所占的面积）做到心中有数，这样，在设计时就能有意识地将同类同级别的信息合并在同一个区域内。事实上，一旦这个工作完成，大的文字分区也就自然完成，接下来就是如何安排这些编排元素了。

具体设计时，还应对与文本相关的图片信息进行细分类，找出图片与文字之间的关系，进行同类合并，使文字与图片一一对应，形成明晰的信息分区。

信息级别的分类通常以三到四个级别为宜，级别过多会造成混乱。

在好的版式设计中，清晰明确的信息级别能轻松引导受众依据重要性依次递减原理进行浏览，主题与内容一目了然，这就避免了无序纷乱的信息给人造成不明确的感觉。

【课堂作业】 对文字（《素描技法》）进行同类合并编排练习。

要求：纯文本版式设计，不添加任何其他编排元素。

素描技法（标题）

——眼、鼻结构和在明暗表现上的基本规律（副标题）

人物脸部的生理特点与其明暗表现的变化密切相关。因此，只有了解人物脸部的生理特点，才能摸清脸部明暗表现的基本规律，从而帮助我们建立整体观察的基本概念。（引文）

眼的生长规律（子标题）

（以下为正文）

1. 眼的形

2. 眼的位置

3. 眼睑与双眼皮的结构

画上眼皮与下眼皮线，要理解它是包裹在眼球体之上，下眼皮一般比上眼皮更靠后，注意内眼角的上眼皮线和下眼睑线的转折透视变化，是从属于眼球体的透视变化。唯老年人的下眼睑因皮肤松弛和积水之故，有时显得鼓出。

上眼皮有一定厚度，初学者往往不重视这个厚度，把上眼皮看成一条线，因而也就没有了厚度的转折透视变化。

4. 瞳孔、高光与眼球的关系

它们都在一个球面上，高光是光源与眼球面垂直的一点。

人的眼球往往不规则，瞳孔部分隆起在球面之上。画时可强调它的空间透视关系。近视眼的瞳孔向外突出得更厉害，所以还要仔细区分个别特点。

5. 眼部色度

一般情况下，上眼皮色调较下眼皮深，这是因为上眼皮睫毛的固有色深和背光的缘故，外眼角也因睫毛的缘故而较内眼角深。瞳孔上因有上眼皮投影，而成为眼球最黑的部分。注意图中瞳孔右下角透亮是高光光线透射过眼球玻璃体所致，这样画眼球更有透明感。

6. 明暗规律

上眼皮对整个眼睛来说等于它的明暗交界线。一般情况下，下眼皮要比上眼皮虚和模糊(特殊光线除外)，这是眼部生理特点所致，特别是下眼皮位置较上眼皮靠后，下眼皮基本处于上眼皮投影或阴影覆盖范围之内。这种情况若不与上眼皮作认真比较很难发觉。下眼睑的形有一种微妙的起伏，而不是简单的一条线。

对眼球来说，眼眶是一个大的整体，眼部处于眉毛之下、眼眶之内，所以，把眼皮和眼球画得过于清楚也是不对的，眼白也往往不是纯白的。因此，画眼睛时还必须加强眼眶的整体观念。

眉毛的生长规律（子标题）

1. 眉的正确位置

靠近鼻根部分的眉毛长在眼眶(眉弓骨)下面，这是眉毛的长边部分。渐向外向上转，老年人的眉此处最显。西方人因眼窝更内陷，所以在某种角度上往往看到的是眼眶的外下边缘线，它几乎代替了上眼皮线。

2. 眉毛的明暗规律

眉毛通常不要画得太清楚整齐。一般长在眉弓骨下面的眉毛部分颜色最深，向外渐转向眉弓上缘部分则渐淡，而转角处最淡，这是因为此处最高凸，光线也最亮。有的人则因此处眉毛磨损而稍稀，一般应画得更虚淡。

只画出眉毛的形还不够，还应通过眉毛的两段结构和明暗，表现出它是长在两个立体转折面上的感觉。

对整个眼窝来说，应把眉毛看做是眼窝部分的明暗交界线。

眼眶的结构决定了整个眼窝，与额头相比，较灰或暗。所以要把眼窝看成是人物面部的第一个底面，抓住了这一点，就可以画出脸上的第一个阶梯的体积。从技术上讲，我们首先应塑造眼窝的空间，而不是眼睛本身，而初学者则易于误解。

【设计步骤】

① 设计前的准备。

依同类合并原则对文本进行分析，以上文字可分为两级：标题、副标题属一级，其中标题是重点；引文与正文属一级，可以放在同一个区域内，正文中又含有两个平级内容，即眼的生长规律与眉毛的生长规律，这一级别中引文是重点。

需要说明的是，引文是分在第一级还是分在第二级，须根据内容的连续性来判断。如果引文是标题的说明（又称说明文），则可与标题分在同一个信息级别内，设计时自然放在同一区域；如果引文是用来引出正文，则应与正文合并为一级，编排时自然应与正文靠拢。

通过对文本进行分类，面的分区已大致在头脑中形成，相应的图片也就可以与文字进行同类合并了，随后可以很明确地着手于在软件中把合并的图片进行拼图，为进入版式设计打下良好的基础。

② 在速写本上画出三个方案。

③ 在电脑中完成定稿。

【作业讲评】作业中出现的问题。

① 在设计时，许多学生在版式中仍然添加各种明度的色底，诸如整体加一底色，或给标题或副标题加一底色，借助不同明度的色块来构成画面中黑、白、灰的关系，而不是通过文字间的编排构成版式中的黑、白、灰关系。

② 在版式中加过多的线条和图形。

③ 正文的外轮廓形变化太多，如铅笔形、菱形、三角形等。

④ 文字编排摆脱不了分两栏的传统概念，不敢根据同类合并原则在对文本信息进行分类后，在版式中对分区进行大胆调整。

【解决方法】 见图3-1所示。

① 去掉画面中所有的非文字图形，把设计重点放在对文字的编排上，利用文字的信息级别调整字形、字号、粗细和行距来形成画面中的黑、白、灰关系。

相对于有图片信息的版式设计，纯文本编排的设计对于初学者来说，难度相对偏大。这个课堂练习着重强调对文字编排的领悟，通过对文本信息进行同类合并，在分区时依信息级别安排主次关系，将同类级别有意识地安排在同一区域，形成一个整体，构成不同区域的文字块面。整个设计的黑、白、灰对比关系不能依靠加色块来形成，这样势必会削弱对文字本身的黑、白、灰块面编排的认识。同时，要达到设计形式的整体简洁，也必须减少各种文字编排元素所形成的图形的总体数量，使局部形尽量合并为整体形。

② 这个课堂练习的重点是解决文字分类合并之后的布局关系，建立整体概念。因此，设计应该更多地关注依据分类进行整体编排的不同方案。如：一级信息（标题+副标题+引文）与二级信息（正文）之间如何编排？有几种整体布局的方案？在建立了整体分区之后，标题与副标题之间如何设计？引文与正文之间如何设计？正文与正文之间如何设计？多问几个问题并解决它们，你的方案也就会越来越多。

③ 打破头脑中的固有概念，在保证信息级别主次明确的基础上，在草图中尽量做大胆的编排尝试。

人物脸部的生理特点与其明暗表现的变化密切相关。因此，只有了解人物脸部的生理特点，才能摸清脸部明暗表现的基本规律，从而帮助我们建立整体观察的基本概念。

素描技法

——眼、鼻结构和在明暗表现上的基本规律

素描技法

眼、鼻结构和在明暗表现上的基本规律

人物脸部的生理特点与其明暗表现的变化密切相关。因此，只有了解人物脸部的生理特点，才能摸清脸部明暗表现的基本规律，从而帮助我们建立整体观察的基本概念。

图3-1 学生作业

【作品分析】 同类合并原则如何指导设计。

翻阅一些精美的期刊，我们常常会感叹优秀设计中标题字的穿插、重叠技巧。通常这些技巧的应用是建立在同类合并原则的基础上的，也就是找出标题中的信息等级与中心内容。

如图3-2所示，我们分析一下图中这一组英语标题字的信息级别处理。“girl”、“City”是名词，也是句子中的主要信息内容，其中，“girl”又是最重要的中心词，因此用黑色表现，“City”与“girl”字体大小相同，用白色表现，重点突出而又使主次拉开距离。这种主次关系看似是以一种不经意的方式表现，而这其中的理由只有通过分析才可以明白；“new”是定语，所以放在被修饰词“girl”的前面，“in the City”起限定作用，因此将“in the”小写并放在“City”的上方，穿插关系在信息主次的分析之中建立起来。

图3-2

【设计技巧】

① 标题：五个单词有主有次，为强调标题中的重点词汇，可用黑与白、大与小的穿插重叠，把信息级别表达出来。

② 引文：通常引文与标题应属同一信息级别，引文是这一信息级别中的次要信息，分区时应与标题靠近。而在这件作品中，却打破常规地将引文设计为远离标题的位置，但却不能忽视它的重要性——因为它在最上方。

按照读者下意识的阅读习惯，在注意到标题的同时，也自然从上往下进行浏览。这说明了解读者的阅读习惯对设计是有指导意义的。

③ 正文：正文以字体编排呈中灰明度、外轮廓形为长方形来构成整个版式的黑、白、灰关系，简洁的外形是为了对比出穿插丰富

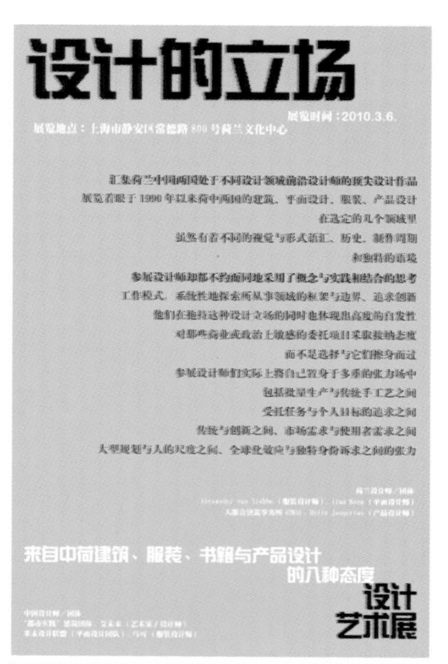

图3-3　学生作业

图3-4

的标题字，而正文第一个单词首字母大写犹如在平静的湖面投下一颗石子。

【课后作业】 纯文本版式设计（见图3-3）。

2. 确定中心内容

在版面中如何清晰明了地表现大量信息？这就需要确定中心内容。

能否正确地选择中心内容，这依赖于设计者的意图、市场和消费者所关注的方面等。

中心内容的确定，具体而言，就是对合并在同一信息级别中的内容进行再分析，分清主次，并在版式设计中加以强调。

通常，每一信息级别中都可以确定一个中心内容，但是主要信息级别内，中心内容要以表达主题为目的，不能任意选择。次要信息级别中，可以有针对性地选择不同的中心内容，建立不同的布局，创意方案自然会出现无数种可能。

例如，对于合并在同一信息级别中的引文、正文、图片三个内容，根据设计需要，如果图片比前二者重要，就是这一级别中的中心内容，在版式设计时，就不能将三者同时强调，而应加强图片的注目性，将引文与正文的对比关系适当减弱。反之，如果以引文或正文为中心内容，强调重点不同，版式设计时就会提出不同的编排方案。

【案例分析】

图3-4所示的是一张宣传单，它包含着很多信息，通过同类合并，让不同级别的分组在视觉上形成对比，这样消费者一眼就可以看清宣传单上的内容。

【重点提示】

① 一张宣传单上最重要的就是要有一个能够吸引注意力的中心内容。

对于图片，根据需要，可以用特殊的方式来剪裁；对于文字，放大字体，或重叠或穿插，用不同方法来增加整个画面中的对比。例如，与大标题形成对比的小标题可以让读者快速浏览这个宣传单上的主要信息。

② 使一个内容成为中心内容的过程，就是使其他内容变得不太显眼的过程。

中心内容一旦确定，其他信息内容在编排时就要有意识地减弱或变小，不要将所有的东西都变得很大，否则就没有人看它们。

③ 并不是每个字、每项内容都有着同样的价值，如果坚持给每个字以同等的重视，则设计的可选择性就很小了。

3. 邻近原则

通常同类合并原则用于指导文本信息分类，以确定版式中的整体分区。邻近原则则用于指导版式设计中各分类信息依级别不同而具体所进行的编排，也就是使同一信息级别的编排元素尽量靠近一些，使不同信息级别的编排元素之间尽量拉开一定距离。各种关系构成的总的等级秩序决定整体版式中哪些属于同一组，编排元素之间的距离越接近，在编排中就会被看做是整体中的“一员”；如果信息级别在分区中的距离、位置含糊不清，将会导致信息传递的不通畅。

【重点提示】 设计草图。

（1）创意思维的源泉——草图

草图是思维的物化，研究的心得，是记录梦想、幻想、想象的手段，它告诉人们最初的创意如何萌芽，如何推敲与完善。

对于学习设计的人而言，研究优秀设计师的草图，这是一种快捷而有效的学习方式。因为从设计师设计过程的展示中，可以感受到他们奇思妙想的源泉，聪颖睿智的根本。同时，从草图中，我们还得以见到设计师可能受到的同时代艺术风格的某些因素的影响，并且是如何在草图中加以修正和改造，逐渐形成了个人的风格和语言的。

在现代设计领域，如工业产品设计、建筑设计、舞台设计、服装设计、环境艺术设计、室内设计、广告设计、版式设计、包装设计……每一个领域中解决的问题不同，草图的表现也就各有侧重（见图3-5）。这些都是学习创意、表现手法、风格，以及进行设计理论研究的源泉，会带给我们许多有益的启迪。

要养成想到就画的好习惯，每个点子，只有画下来才能知道好还是不好。

草图可给设计提供多种选择的方案，反复修改、推敲，改变各种元素在纸上的位置和大小，可以得到全新的创意。

（2）方案优化——重要的设计环节

草图完成后，还要做进一步的研究，审视这些草图的可取之处和不足之处，进行归纳和提炼，我们将这一过程称为方案优化。

方案优化是设计中非常重要的一环。有些学生想象力丰富，灵感闪现的瞬间马上可以画出无数的草图，但是却不能对构思进行归纳和提炼。优化的过程实际上是一种理性分析的过程，面对草图，可以从三个方面加以研究。①这个方案对表达主题是否必要，能否取消它？②能否和别的方案进行合并？③能否以别的形式取代它？同时，还要多问几个为什么。为什么要用这个图形表达主题？为什么要选择这种标题字？黑、白、灰的关系为什么要这样处理？等等。问题问得越多，条理越清晰，主题表现越突出，解决问题越彻底。应当一个问题扣一个问题地追问下去，使创意思维在修改、增补与推进中得以提高，最终找出表达主题的最佳方案（见图3-6）。

版式探索是无止境的。在规定画草图的时间内，尽量挖掘不同的表现手法，寻找创意，方案优化。作品想象力越丰富，对设计过程的理解就越深刻。

图3-5

图3-6

第二节 分区

分区是指确定编排元素在版式中的具体位置，诸如图片区、标题区、正文区等（见图3-7），它是一种隐藏在版式中的结构线，给受众明确的定位提示，引导受众清晰明了地依信息等级进行阅读。

分区是对合并后的各信息等级进行版式上的规划，确定它们的区域位置、主次，以及黑、白、灰的关系，从而完成整体布局。

图3-7

1. 黑、白、灰关系

在版式设计中，图形与图形、图形与文字、文字与文字、编排元素与背景之间，无论表现为有彩色或无彩色，我们在分析时，都在视觉上整体归纳为黑、白、灰三种空间层次关系。黑、白、灰的明度对比，会使某元素比其他元素更突出，使各编排元素之间建立起先后顺序，使信息层次更加分明。

如何在版式设计中进行编排元素的黑、白、灰构成呢？我们从分析作品入手来研究该问题。

（1）图片

编排元素中，图片是由摄影师提供给版式设计师的作品，通常为不可变的元素，因此，在有图片的编排中，首先要分析图片的明度关系，以确定图片在版式中的黑、白、灰布局，并由此决定其他编排元素在版式中的明度关系。

（2）文字类信息

纯文本信息包含标题、副标题、引文、说明文、正文几个部分，是用来构成画面黑、白、灰关系的主要编排元素。标题区的明度关系可以通过字体的形状、大小、粗细、色彩来表现；正文区可以通过字号、字形、字间距、行间距的不同选择表现出不同的灰度层次（见图3-8）。标题区和正文区的灵活变化，可以营造出版面的美感和空间感。

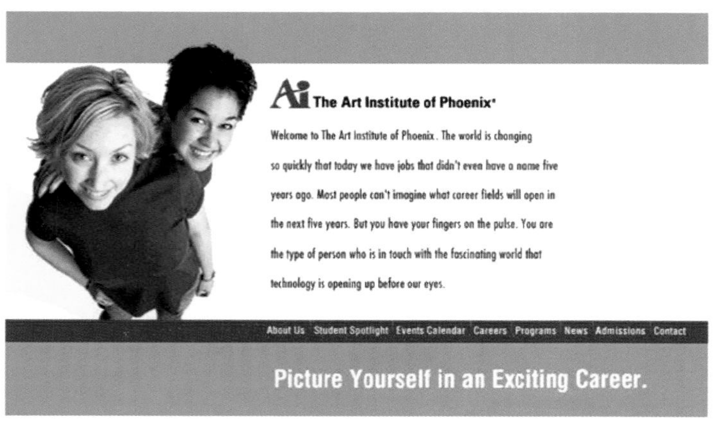

图3-8

【作品分析一】

通常编排元素在白底上进行布局时，都将白底作为黑、白、灰中的白，用其他元素来构成版式中的黑或不同明度的灰。黑、白、灰的整体关系易于理解。

图3-9所示为单页纯文本的编排，在这幅图中，增加了一个深色色底，那么如何理解黑、白、灰的概念呢？

事实上，平面构成中黑、白、灰的关系是相对的。在这幅版式设计作品中，底色为中明度的灰，标题为黑，说明文、引文、正文构成不同明度的灰。那么白的概念如何表现呢？它是由版式左边大面积的空白空间构成的。

图3-9

【作品分析二】

图3-10所示为以图片为主的版式设计作品。

大型时装杂志的时装摄影一般是由专业时装摄影师完成的，图片本身的光线和动态都经过摄影师的精心安排，在版式设计中属不变因素，也是时装杂志所要表现的中心内容。版式中的黑、白、灰关系主要依图片的明度来进行布局和调整。

图3-10所示的左图为突出图片，文字区安排在人物左上方背景上，在明度上的考虑就必须是减弱而不是加强，以中灰度为宜，同时，也与墙面的灰色层次相近，使文字与墙面融为一体。图3-10所示的右图，中灰度的文字区与条纹衬衣的明度层次相近，形成一个整体的色彩分区，画面的黑色区域在头部和裤子上，底为白色；在文字区内，标题字与正文在字体、色彩上都是一致的，仅大小有所区别，这种考虑是基于整体概念。想想看，如果这时要把文字区放在页面上方，那么应选择什么明度的色彩来处理文字？两种方案：深色和高明度浅色。浅色字是首选方案，因为浅色字的编排不影响腿部的曲线，使模特的动态保持完整。如果是深色字，与裤子的颜色融为一体，无形中就破坏了模特腿部的优美曲线。

图3-10

【作品分析三】

图3-11所示的是以色底为背景的版式设计作品。

首先分析色底的明度。棕黄在色相环中属中明度偏亮，在这个基调下，这页版式设计中要把白这个概念表现出来，就需要留出空白空间（参见图3-9分析）。

图片属于版式中的黑色区域；标题与引文构成的明度关系也可界定为黑色区域，在这个区域中字体仅做大小的调整；正文属高明度灰色区域；在整个版式中，上图右下方的空白空间就显得格外珍贵，与其他编排元素一同构成版式中的黑、白、灰空间层次关系。

提示：

① 注意细节的处理，最黑的小标题放在了空白空间中，形成黑与白的强对比。

② 当版式中有底色时，一定要首先把底色的明度分析出来，那么白的概念就需要有意识地留出空白空间来加以表现。

③ 当版式中有图片时，作为不变因素，也必须将其明度分析出来，使其成为其他编排元素布局时黑、白、灰整体构成的参考因素。

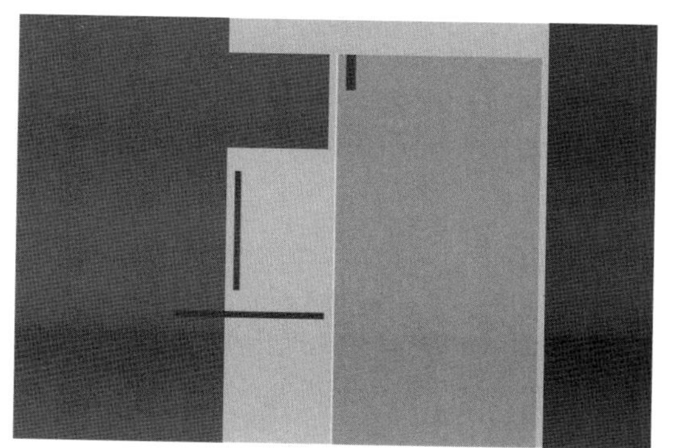

图3-11

2. 面构成

在视觉构成中，面用于定义空间或体积的边界，被面所限定的区域也称为形。

在二维平面上，面常表现为各种各样的形状：几何形，有机形，不规则形，曲线形。

形可以根据内容大致分为表现形体和抽象形体两大类。表现形体即包含特定主题，可与观众进行视觉交流的形。在版式设计中，包括图片、标题字、引文、正文等编排元素抽象成“面”之后的形。抽象形体（或非表现形体）指不包含可以认知主题的形，例如负空间，或称负形。

为了加强编排的整体概念，应有意识地将文字做面的编排，理解文字在版式中所占的面积大小及形成的黑、白、灰视觉效果。

① 通过实践把握不同字号的文字形成的面积大小。

正确地估算分类后的引文与正文的字数在版面中所占的面积，可以在草图构思中正确定位分区大小。

② 通过实践把握不同字形、字号、行距、字间距所形成的面的明度关系。

文字的字体、字号、粗细、行距、字距的选择不同，在版式设计中形成的面的明度也有所不同，由此决定版式构成中黑、白、灰的整体布局。文案的群组化是避免版面空间散乱状态的有效方法。

【课后作业】参见图3-12。

① 打印30个字，字号大小以5进位，了解不同大小的字在编排中所占的面积。

目的：把握正文文字因字号不同在版面中的面积所发生的变化，体验字体大小与所占面积之间的比例关系。

要求：不得删减文字。

② 打印100个字，以不同的字体编排，了解其产生的黑、白、灰效果。

目的：把握正文文字由于字体选择不同，在版式中会形成不同明度的灰面效果。

要求：不得删减文字、注意正文文字的可识别功能。

③ 打印100个字，以相同字体，不同字间距编排，了解产生的黑、白、灰效果。

目的：把握如何调整正文文字的字间间距与行间间距，以构成版面中不同明度的灰面。

提示：字间间距不可大于行间间距，或字间间距不可等于行间间距。否则会影响文字的阅读。

【作品分析一】

图3-13所示为《dwell》杂志日程表的设计。

图3-12　学生作业

初看这页设计，会惊叹于色彩、文字、图片复杂的穿插关系，但设计师却将信息清晰地呈现出来，繁而不乱。通过分析这件设计作品，我们尝试着找出其中的奥秘。

分析的方法就是找出分区结构线，黑、白、灰关系及面的处理方法，从而找出信息的分布方式。

我们将这件作品层层分离（见图3–14）。

如图3–14（a）所示，底图是一大张出血的无彩色图片，覆盖于整个画面。

如图3–14（b）所示，在对文本信息进行分类的前提下，确定版式大的分区。用红色透明色块分割画面，在透明值上进行了不同的选择，使明度发生变化。

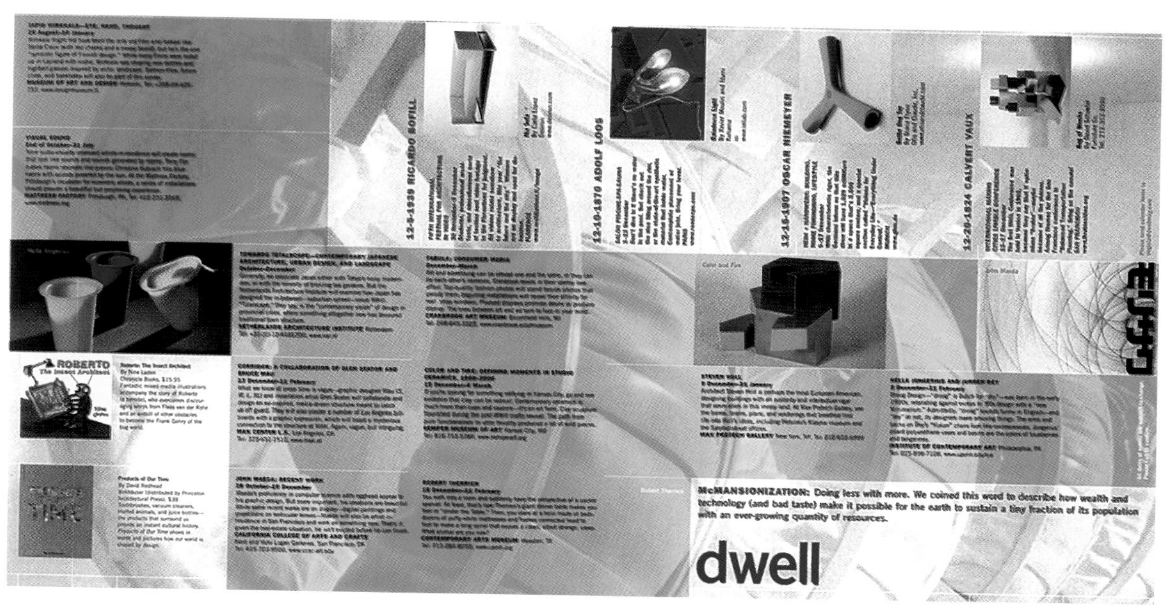

图3–13

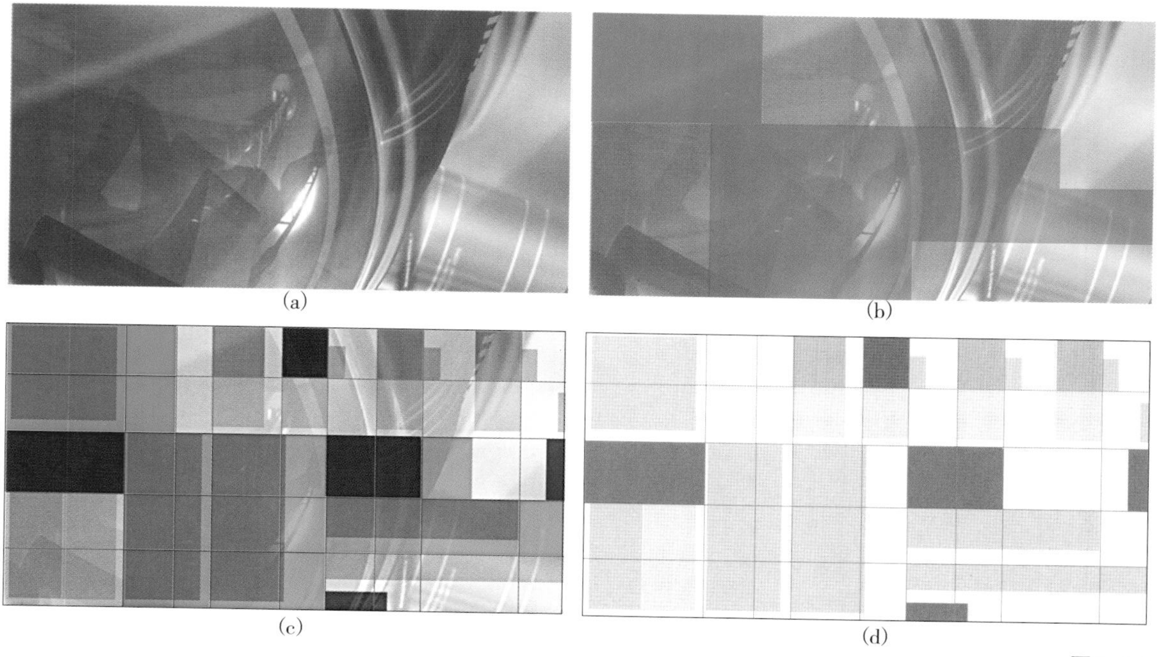

图3–14

图3-15

提示：

这些看似杂而乱的底图并没有破坏信息的可读性，为什么？因为这两个附加值都不是信息元素，无论它们之间怎样大面积穿插，明度如何发生变化，在版式中都仅仅用来做分区之用，并不影响信息元素的呈现。

如图3-14（c）所示，信息元素在版式编排上仍在分区分栏范围内有规律地按信息级别有序排列。

如图3-14（d）所示，将底图去掉，我们可以清晰地看出信息元素的分区都是在同一平面无穿插、无重叠整齐地排列，仅仅是根据底图安排编排元素的明度变化。这里，为了打破编排元素这种过于整齐的布局关系，通过底图的穿插，元素间形成了相互联系的整体。

要仔细体会这个过程中的“变”与“不变”。

这种用非信息元素的穿插变化来打破信息元素的规律排列，不失为一个运用于多产品、大信息量宣传页设计的好办法。

【作品分析二】

图3-15所示的版式设计技巧类似于图3-13。

初一看来，图3-15所示的内容比图3-13所示的更加丰富，穿插更为神奇，设计师是如何像玩魔术一样，把这么多信息分区把握得得心应手的呢？

我们请同学们根据图3-14所示的分析方法，用删除法来分析一下这张版式。建议在电脑中完成分析图。

提示：

首先删除图片和文字，版式中将会显示出不同色块的背景，你会发现神奇的变化之一来自于不同色相和明度的色块之间丰富的穿插。

再尝试着将文字和图片加上去，可以分析出这是一页中间为文字区、四周为图片区的页面，文字之间严格按分区整齐编排在色块上。四周图片的处理主要是大与小的变化，图片间的穿插也是依据分栏结构线进行的，并没有脱离栏线。局部处理上进行了图片与底图色块、图片与图片之间前后重叠的变化，构成了复杂的空间层次。

以上两个作品的典型特征就在于信息传递依据分区、分栏使编排元素达到有序布局，画面的丰富穿插关系依据非信息元素进行，最终构成优美的版式设计。

【课堂作业】图片与文字混排（见图3-16）。

元素：800字文本（见第11至12页《素描技法》文本），图10幅。

目的：掌握整体概念、分类，黑、白、灰的关系，面的概念。

重点：文本分类、分区，黑、白、灰及面的关系，弱化细节。

草图：五个方案。

【课后作业】加强图片与文字混排练习（见图3-17）。

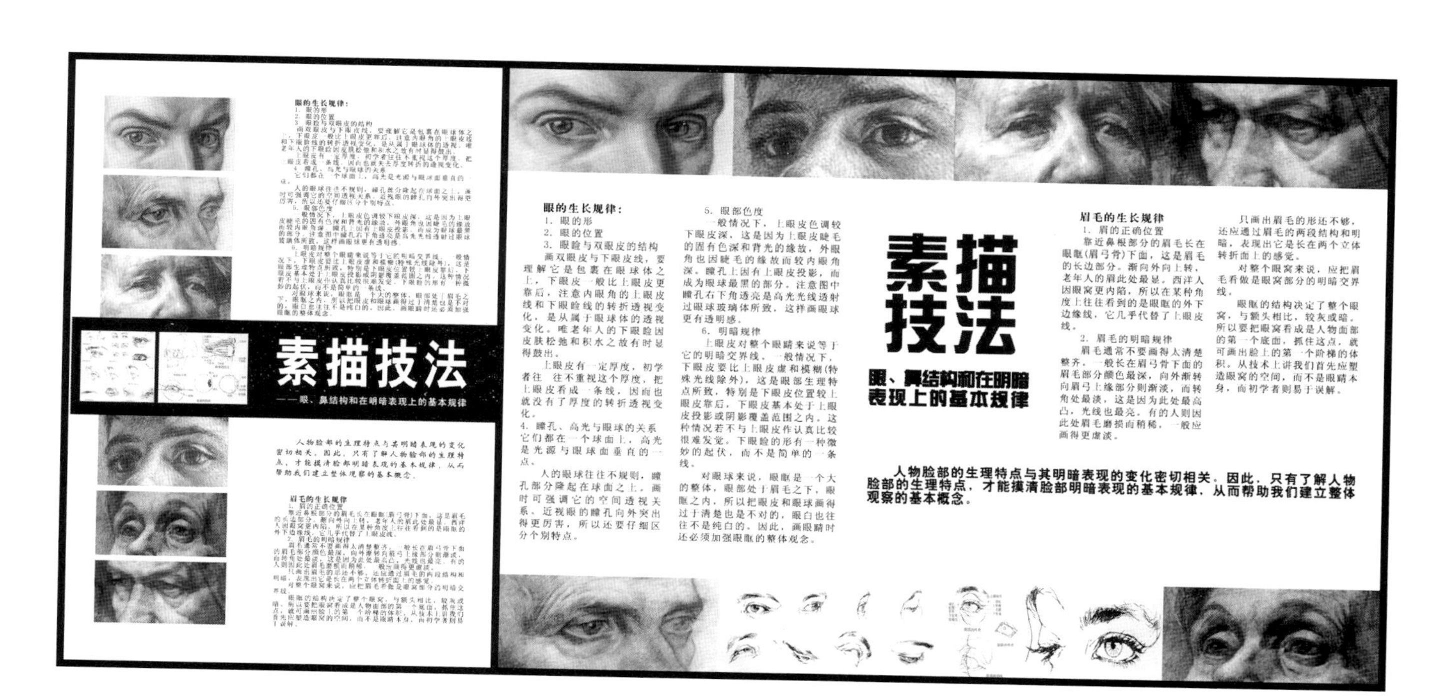

图3-16　学生作业

图3-17　学生作业

3. 空白空间

中国画对构图的空白要求是“计白当黑”，让我们明了空白的重要性。在版式设计中，空白空间的处理对设计师也是一个挑战，处理得当则可以使整个空间变得鲜活，变得有意义和起作用。

在版式设计中，空白空间是提供视觉休息的地方，位于图形与文字之后，但它不仅仅是作为设计的背景而存在。空白空间决定版式设计的整体效果，它是一种实实在在的形状，与编排元素共同构成版面中虚与实错综复杂的空间层次。

空白空间又称虚空间、负形、受限空间等，是一个被编排元素包围的空间。

空白空间如果处理不当会导致视觉上的杂乱或不和谐，因此，空白空间也应该作为有意义的“形”来进行设计（见图3-18）。

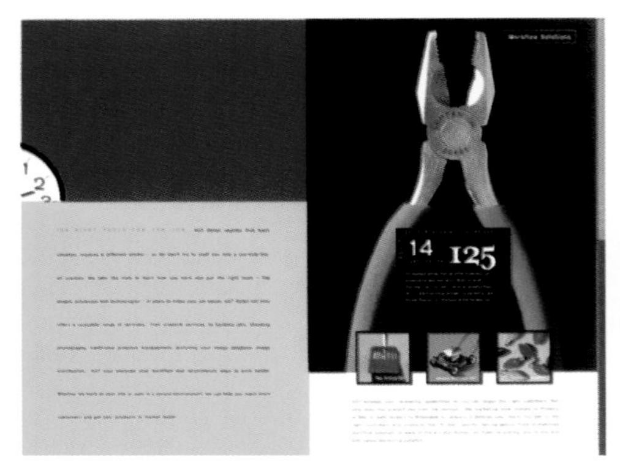

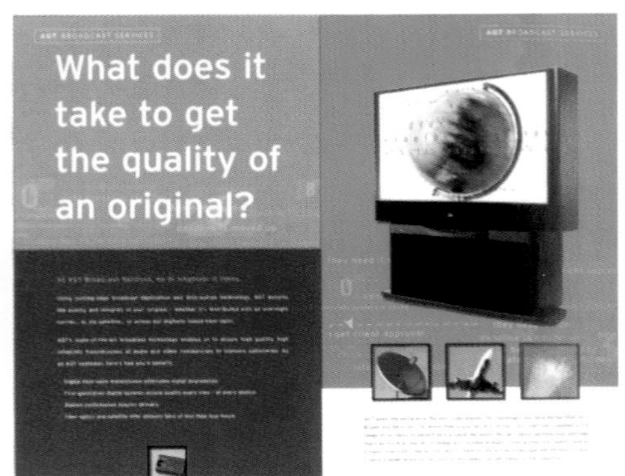

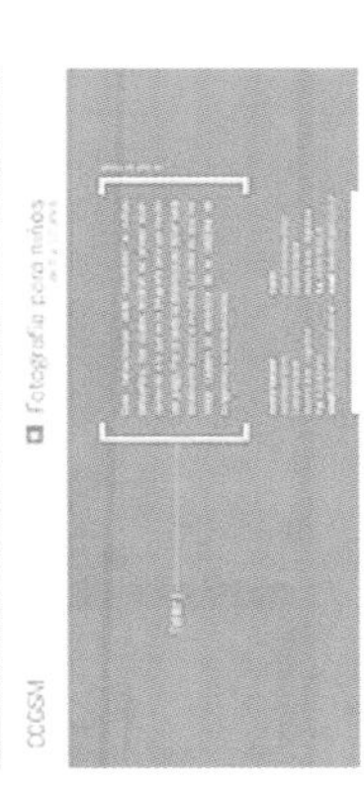

图3-18

(1) 认识空白空间

为了便于更好地理解空白空间与编排元素之间的关系，不妨用平面构成中点的性质来进行分析（见图3-19）。

当编排元素以对称平衡的形式放入版面中时，空白空间保持平衡。

当编排元素偏离中心位置时，空白空间被激活。

当编排元素超出页面，成出血版式时，空白空间形成张力，使小页面显得相对变大，加强了视觉冲击力。

图3-20所示的这一组广告能帮助我们更好地理解图3-19用抽象元素所表示的空白空间在版式设计中的意义。

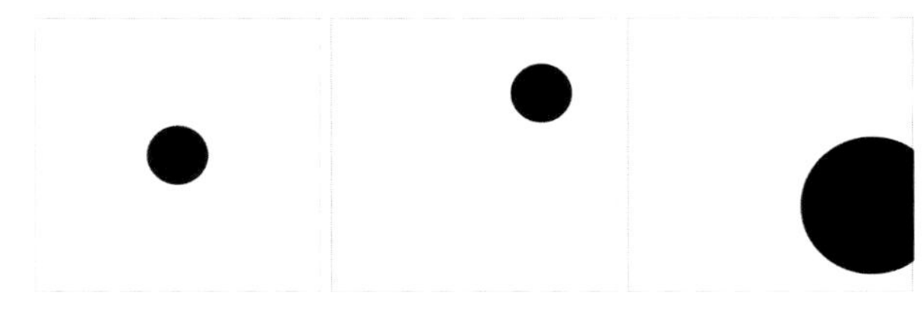

图3-19

【课后作业】

选择优秀版式设计作品，尝试将信息元素抽象为“点”，研究其在版式中如何放置以表现视觉动感与平衡。

图3-20

（2）空白空间留多少为好

我们仍然用平面构成中点的性质来进行分析（见图3-21）。

当编排元素占据的空间远远小于空白空间的面积（见图3-21（a））时，页面看上去不完整，编排元素会淹没在空白空间中而失去易读性和可视性，这时的空白空间看起来就像废弃的空间。

只有编排元素与空白空间的比例恰当，主题才能突出，视觉上才变得舒适（见图3-21（b））。

当编排元素占据的空间远远大于空白空间的面积时（见图3-21（c）），就会感觉到版式的拥挤，造成视觉上的紧张感，易产生疲劳。

（3）空间如何留白

不要占满所有空间——这一点在版式设计中尤为重要！

对空间留白的理解有很多方式，但不应该把它理解成是一块没有被利用的空间。

开放式空间构成是版式设计中惯用的表现形式，它通过在重要的编排元素周围提供一个安静的空白区域，引起对编排元素的视觉关注，达到突出主题的目的，这种布局形式为设计增添了一份成熟。

① 页边空白：页边、页眉、页尾。

页眉、页尾空白。页眉空白是在页面顶部留出连续的大面积空白。页眉留白可以在视觉上感到开阔、无压迫感，同时，也可用于安排一些与正文不同的文本信息，诸如章节内容引导、书名、公司名等。页尾空白是在页面下方留出空白空间，可以是不规则或略有变化的形状，目的是不引人注目，编辑起来也容易些。

页边空白主要指页面左、右的页边空白，它们是围绕“实体地带”的边框。版式设计时，除类似于出血这样的特例设计外，一般情况下，页边不要占满。页边留白，可以很快将读者视线引入版面之中（见图3-22）。

② 版心空白。

版心中大的空白空间起分隔作用，可以突出重点。小的空白空间起连接作用，可以使编排元素近距离连接，形成整体块面，信息级别的呈现更加清晰（见图3-23）。

【阶段总结】

① 空白空间宜于表现为简练的“形”。在版式设计中，负形中“形”的性质越明确，整体形状越有规律，衬托出编排元素相互间的构成就越整体和简洁。因此，空白空间应该被和谐、均匀地用在设计中，而不是被四分五裂地分割。

图3-24所示的左图中，负形在版式中非常凌乱，正形的编排也就无规律可循；右图中，调整后的负形整体明确，加强了正形编排中面的特征，整个版式非常简洁。

设计过程中，要经常审视负形呈现出的整体形状。

② 在版式设计中，空白空间与编排元素之间要自然流畅地穿插交融在一起，空白空间创造出的空白路径引导读者的阅读视线，就像人行小径引导人们穿过花园。

提示：

当编排元素用方框限定住面积时，也可能会过多地分隔空白空

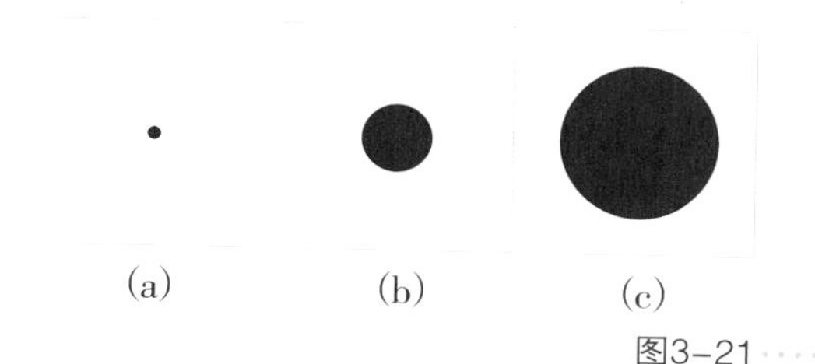

图3-21

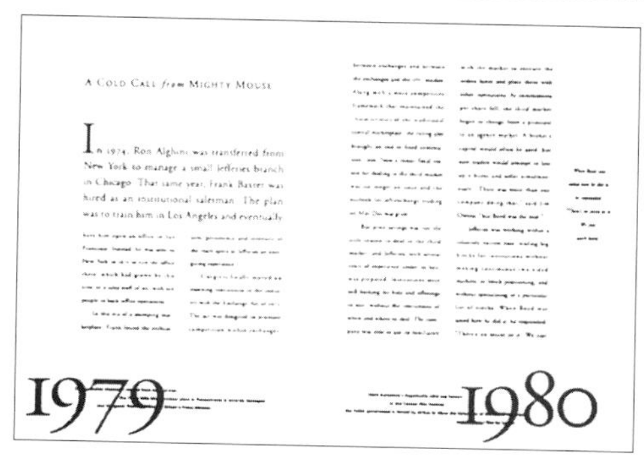

图3-22

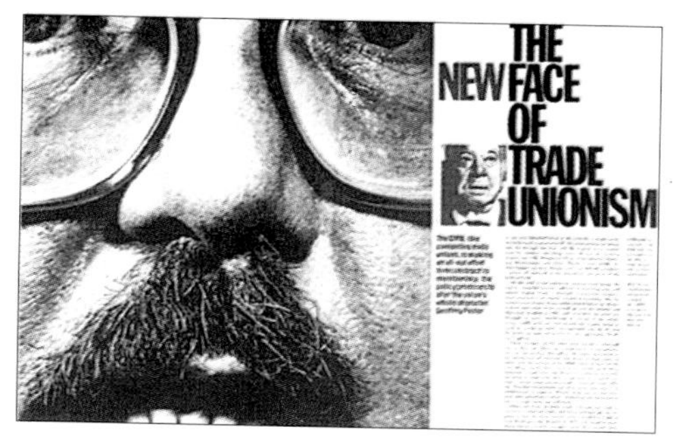

图3-23

间。如何将空白空间与受方框限制的编排元素有机地联系起来？要注意有意识地彻底改变方框内邻近元素的大小，使元素打破方框线或块面与块面间的分界线，这种超常规的设计常常会使版面内的各编排元素协调一致（见图3-25）。

当然最巧妙的栏线是利用编排元素排列后自然形成的空白空间来充当分区线，这是更优雅的解决方法。

③ 空白空间的连接作用。在版式设计中，如何将众多的信息编排到位形成一个互动的整体？除了在“面构成”小节中详细地分析用非信息元素的相互穿插来打破栏线，把各级信息连接起来合成一个清晰、有条理的整体方法外（见图3-13），空白空间的利用也可以达到同样效果。

当空白空间（负形）与编排元素（正形）在大小、节奏、外形上保持一致时，空白空间就把页面各编排元素连接起来了（见图3-26），这是平面构成中正负形反转原理的应用。

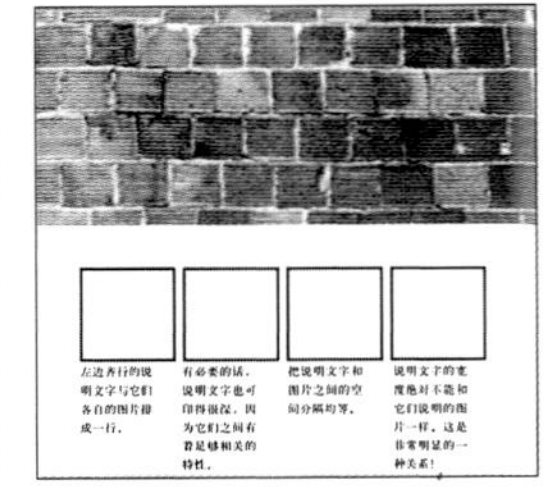

图3-24

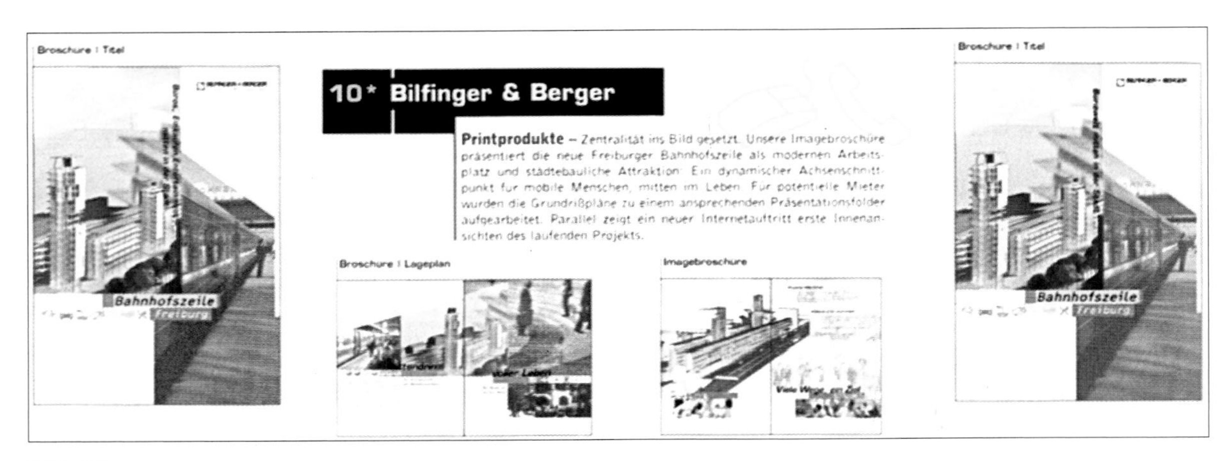

图3-25

图3-26

在版式设计中，空白空间（负形）和编排元素（正形）所构成的重复性和节奏感可以帮助读者意识到版面之间的连贯性和整体性。

【课堂作业】目录（索引）编排设计。

元素：目录文字、几何形。

《平面设计原理》

目录

【重点提示】目录（索引）设计。

① 书的目录是读者购书时首先浏览的页面，重点突出、导航清晰、编排舒适是设计的原则。

② 要有意识地留心你所看到的每本杂志、书籍或报纸的目录页设计。注意不同的内容是如何组合的，运用了多少种字体，是如何在字体和排版上运用对比以便找出重要信息的，是怎样把主题进行同类合并的。另外，还应看看杂志中的目录和图片是如何结合在一起的，注意对齐方式、字体的重复及对比的运用。

③ 目录和索引甚至比其他一些设计项目更需要功能与外观并重。

④ 目录设计的重点是指引线（即指示页数的一行点），设计时应注意以下几点。

a. 不要使用不相配的指引线，同时要学会调整指引线间的间隔，使整体视觉效果舒适。

b. 不要键入一个又一个的句号来充当指引线。因为这些句号的排列肯定很不规则，学会使用相关软件“自动加入指引线”的功能。

c. 即使有指引线，也不要把页码数字与标题之间的距离分得太开。

d. 目录中的章与节非常清晰，设计时，同一章节的信息尽量靠近，不同章节的信息应拉开一定距离，注意运用邻近原则。

e. 不要因过于强调信息级别的层次而把页面变得很乱，切记整体概念（见图3-27）。

Salads
Soft Drinks
Gourmet Pizza
Specialties
Sandwiches
Burgers
Hot Dogs
Side Kicks
FANNIE'S
ON THE BEACH

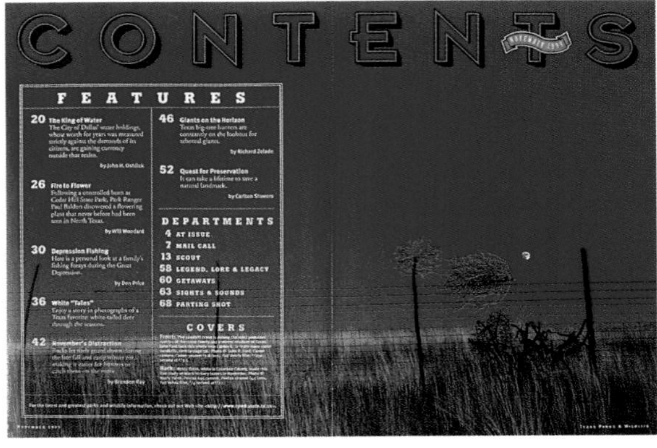
CONTENTS
FEATURES
20 The King of Water
26 Fire to Flower
30 Depression Fishing
36 White "Tales"
46 Giants on the Horizon
52 Quest for Preservation
DEPARTMENTS
4 AT ISSUE
7 MAIL CALL
13 SCOUT
58 LEGEND, LORE & LEGACY
60 GETAWAYS
63 SIGHTS & SOUNDS
68 PARTING SHOT
COVERS

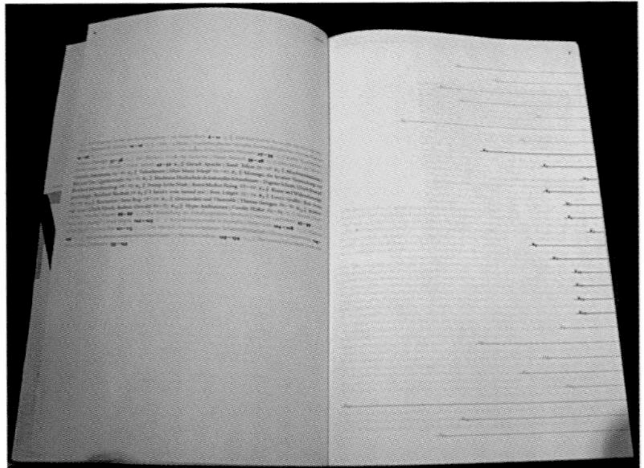

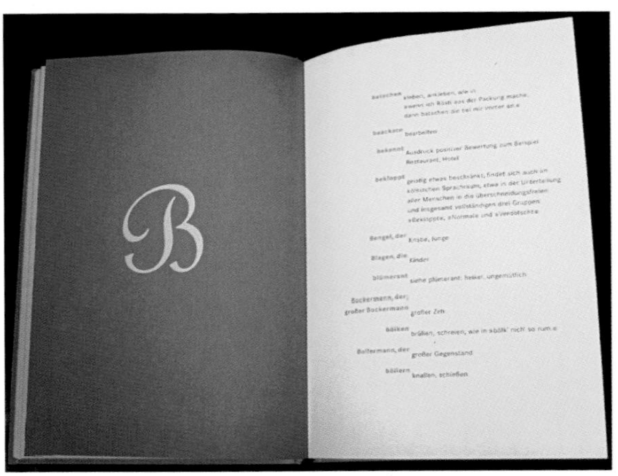
B

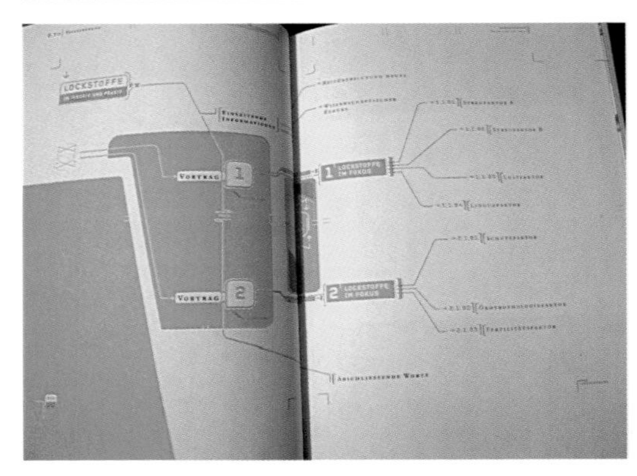

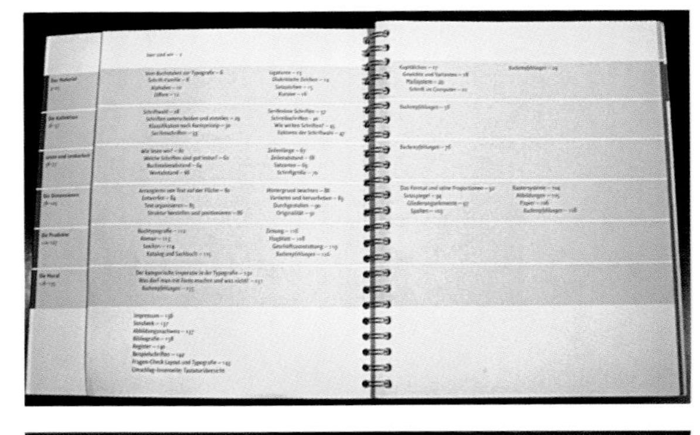

Das ist ja

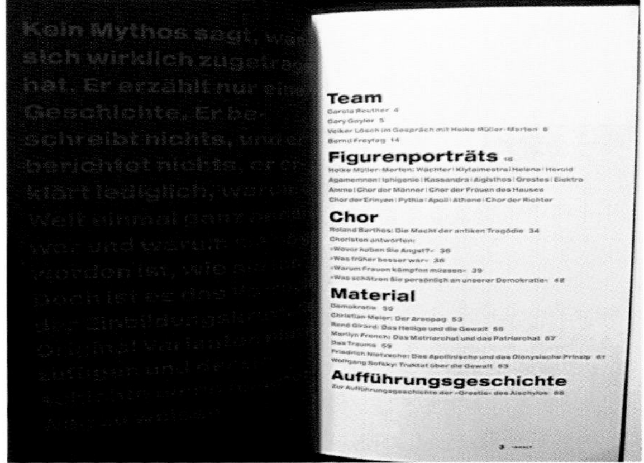
Team
Figurenporträts
Chor
Material
Aufführungsgeschichte

图3-27

【作业讲评】

问题：

① 对目录内容的信息级别分析不足，在目录设计中级别表现模糊。

② 过于强调形式而忽视表现的内容。

③ 忽视邻近原则和同类合并原则的运用。

④ 纯文字的编排，应该强调文字形成的黑、白、灰关系，把握好信息级别之间产生的节奏。

提示：

学生刚开始进入实题设计时，我们就安排了一个看似简单但难度却相对偏大的书籍目录页设计课题。说它难，是因为在这个目录页中只有标题字、正文及数字，编排的元素近乎于“单调”，黑、白、灰的关系不易把握。为了强化本次课题的目的，我们加进了一个几何形的编排元素，通过面的放置让学生先在页面上把黑、白、灰的关系找出来。

目录页编排的关键就是找出目录中的信息等级，运用同类合并原则、邻近原则对信息级别进行整体安排和布局（见图3-28）。

难点：

目录页中的正文不是一个平级信息，里面少则可分2个信息级别，多则可分4~5个，要把这些信息级别用面表现出来，难度相对偏大。如何把握级别间的关系，进行正确的视觉引导，让正文看起来具有整体感，这就需要多分析、归类，多画草图进行推敲。

本课题最终的作业效果并不明显（见图3-29），但通过完成这一课题，让学生知道，版式设计大到一张广告、一本书、一份报纸、一个网站的整体设计，小到一个指示牌、一张目录页、一页统计表格、一个标志等，都应认真对待。

设计中的每个细节都是整体中的一个部分，应引起足够的重视。同时，在平时的生活中，要养成善于细致观察的习惯。

【课后作业】收集不同版式的目录编排10幅。

平面设计原理

空间、协调性、页面设计和字体

目录

前言 viii

概论 1

第一部分 空间

第一章 空间就是空白处 13

第二章 设计中的对称和不对称 31

第三章 空间理论发展史的五个阶段 40

第二部分 协调性

第四章 协调性和空间 51

第五章 设计的七个组成部分 57

第六章 如何运用设计的七个组成部分 69

第三部分 页面设计

第七章 可视结构 页面 77

第八章 要素和页面的协调 87

第九章 三维空间 95

第四部分 字体

第十章 倾听字体的声音 103

第十一章 排印技术细节 111

第十二章 特排字体 121

第十三章 正文 129

术语汇编 136

文献目录 140

设计师一览表 142

索引 144

版权标记 148

目录 vii

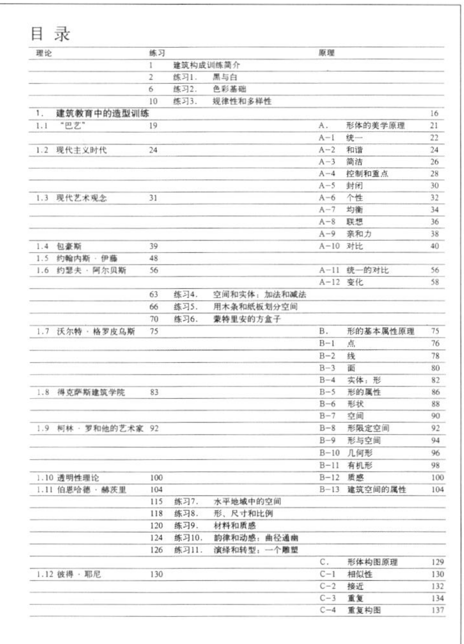

目 录

理论		练习		原理		
	1	建筑构成训练简介				
	2	练习1.	黑与白			
	6	练习2.	色彩基础			
	10	练习3.	规律性和多样性			
1. 建筑教育中的造型训练						16
1.1 “巴艺”	19			A.	形体的美学原理	21
				A-1	统一	22
1.2 现代主义时代	24			A-2	和谐	24
				A-3	简洁	26
				A-4	控制和重点	28
				A-5	封闭	30
1.3 现代艺术观念	31			A-6	个性	32
				A-7	均衡	34
				A-8	联想	36
				A-9	亲和力	38
1.4 包豪斯	39			A-10	对比	40
1.5 约翰内斯·伊藤	48					
1.6 约瑟夫·阿尔贝斯	56			A-11	统一的对比	56
				A-12	变化	58
	63	练习4.	空间和实体：加法和减法			
	66	练习5.	用木条和纸板划分空间			
	70	练习6.	蒙特里安的方盒子			
1.7 沃尔特·格罗皮乌斯	75			B.	形的基本属性原理	75
				B-1	点	76
				B-2	线	78
				B-3	面	80
				B-4	实体：形	82
1.8 得克萨斯建筑学院	83			B-5	形的属性	86
				B-6	形状	88
				B-7	空间	90
1.9 柯林·罗和他的艺术家	92			B-8	形限定空间	92
				B-9	形与空间	94
				B-10	几何形	96
				B-11	有机形	98
1.10 透明性理论	100			B-12	质感	100
1.11 伯恩哈德·赫茨里	104			B-13	建筑空间的属性	104
	115	练习7.	水平地域中的空间			
	118	练习8.	形、尺寸和比例			
	120	练习9.	材料和质感			
	124	练习10.	韵律和动感：曲径通幽			
	126	练习11.	演绎和转型：一个雕塑			
				C.	形体构图原理	129
1.12 彼得·耶尼	130			C-1	相似性	130
				C-2	接近	132
				C-3	重复	134
				C-4	重复构图	137

总序 壹

对谈 I 17

对谈 II 37

混沌·秩序 57

书籍∞形态 58

更新书籍设计概念 59

新设计论 60

书籍内容∞整体结构 77

设计∞纯化与复合 78

纸∞表现张力 79

从装帧到书籍∞设计 80

后记 99

图3-28

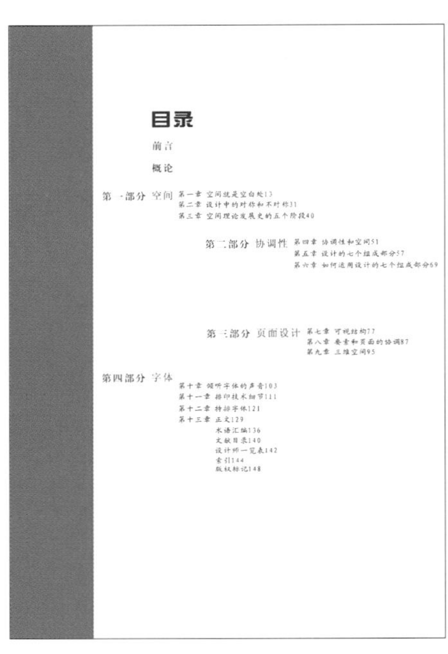

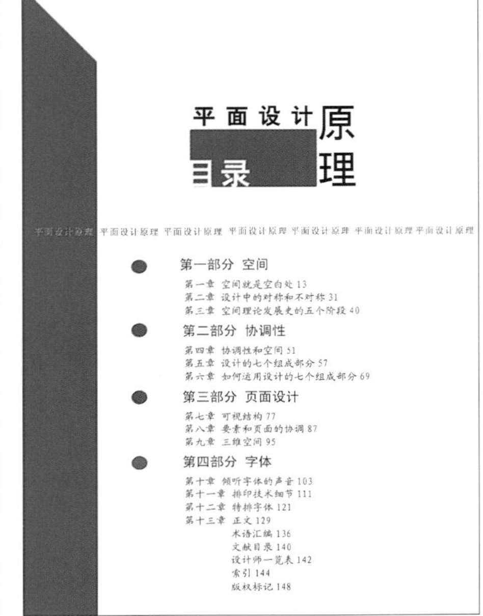

图3-29 学生作业

【课后阅读推荐】

[1] 辛艺华.工艺美术设计[M].北京：高等教育出版社，2000.

[2]（美）阿历克斯·伍·怀特.平面设计原理[M]. 上海：上海人民美术出版社，2005.

[3]（美）卡洛琳·M·布鲁墨.视觉原理[M]. 北京：北京大学出版社，1987.

第三节 分栏

1. 网格

(1) 网格的概念

信息内容有着它自己的内在结构和固定的组成部分，需要一定的鉴赏力去揭开各部分的相互连续性，网格为设计提供了一个基本的框架，帮助形成清楚、连贯的信息关系和易懂的页面，给设计一种内在凝聚力。

网格是一种包含一系列等值空间（网格单元）或对称尺度的空间体系。它在形式和空间之间建立起一种视觉和结构上的联系。形式和空间的位置及其相互关系通过二维网格来限定。网格的构图能力来自于所有元素之间的规则形和连续性，它能够决定一个页面上元素的零散或整齐程度、页面上插图和文字的比例，建立连续的秩序或参考区域，从而产生普遍联系。

网格由垂直线与水平线相交构成网格单元，网格单元之间的空白区域称为分隔线。

① 网格的表现。首先，在版式四周要留出页边，采用1磅的线条。其次，把空间等分，以使各列文字相互间不接触，每个单元格之间也要有一条空白的分隔带，网格内采用细线。

网格以垂直单元与水平单元的数目定义。一个两栏三行的网格称为6单元网格，或2×3网格。而一个三行四栏的网格称为12单元网格，或3×4网格（见图3-30）。网格一旦建立，各栏文字或图片的宽

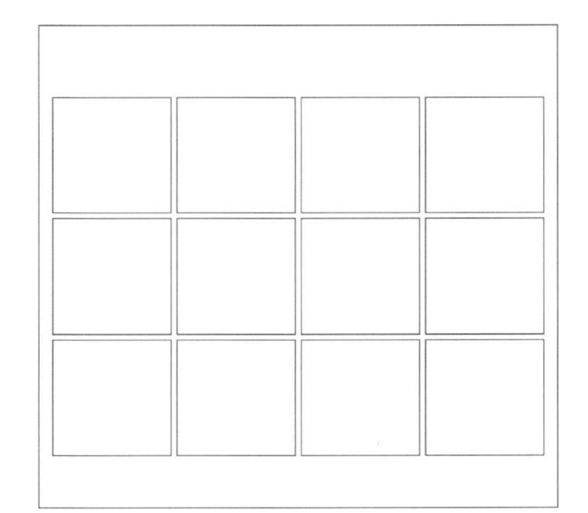

图3-30

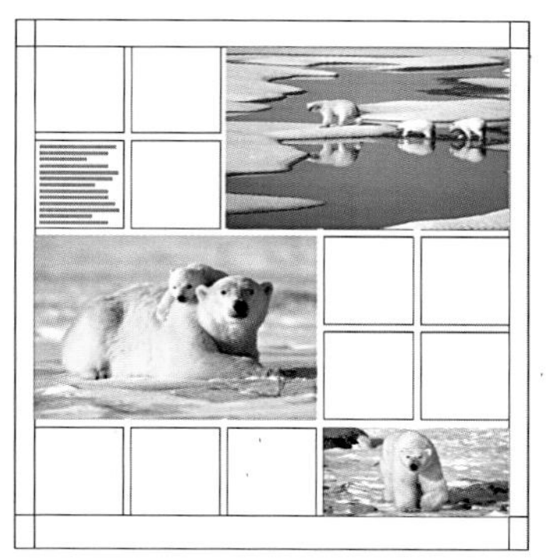

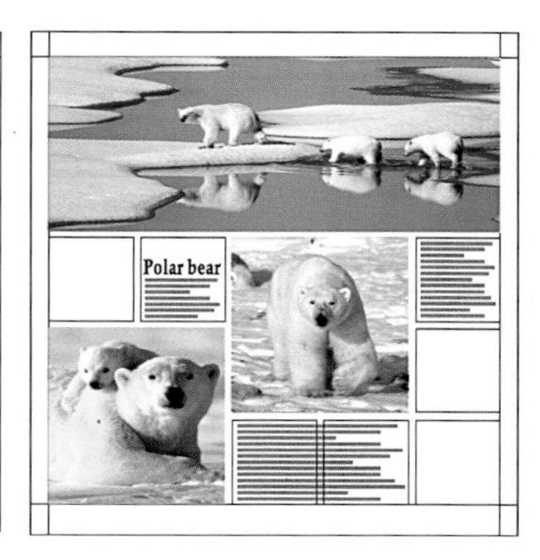

图3-31

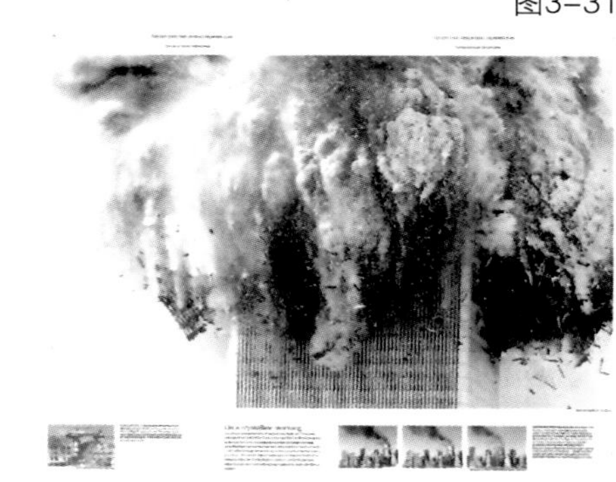
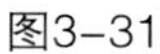

图3-32

度、长度便可以随便调整，并且可以占用多个网格单元（见图3-31）。

② 网格使用原则。对以文本为主的版式，通常使用两栏或三栏简单的网格。对以插图、图片为主的版式，通常使用三栏以上复杂的网格。网格越复杂，设计就越具有灵活性，当然难度就越大，需要长期的经验积累。

（2）网格分类

① 一次性运用于设计作品的网格。

这类网格通常一次性用于设计项目之中，不反复使用。

对于一些复杂的信息（如表格、科学数据、名单等）和一些重复的元素（如标题、多幅图片和正文等），在特定的页面和版幅上都需要设计出网格来进行定位，使复杂的信息条理化（见图3-32）。

提示：

2纵列、6纵列和5纵列网格是最基本的标准网格。

2纵列网格把设计空间分为4部分；而6纵列网格是在2纵列的各列上再分3纵列；5纵列网格可以单独使用，也可以两个大纵列加一个小纵列合并使用（见图3-33）。

② 用于多页面或多主题出版物的网格系统。

网格可以提供一个重复使用的系统，使设计过程和出版周期达到一体化，许多最基本的设计元素因网格系统得以保留，每次使用时只需作局部的修改，保持了出版物特有的风格（见图3-34）。

网格系统，或称为标准尺寸系统、程序版面设计、比例版面设

图3-33

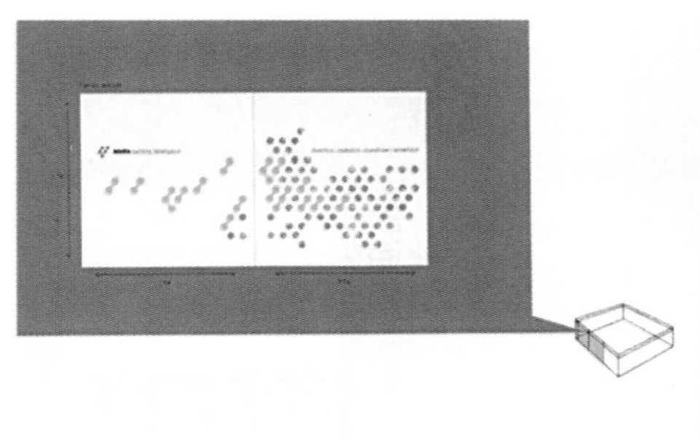

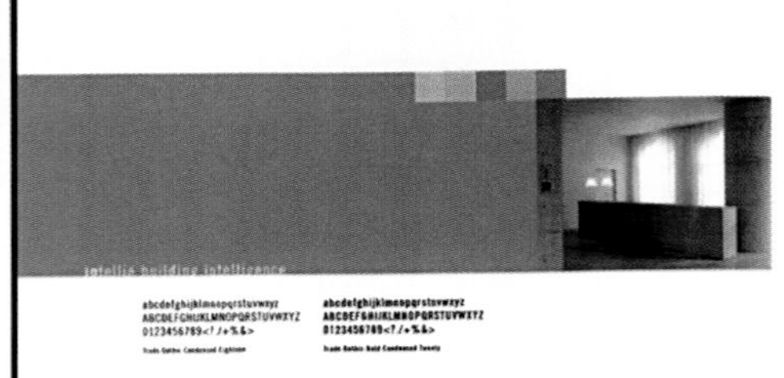

图3-34

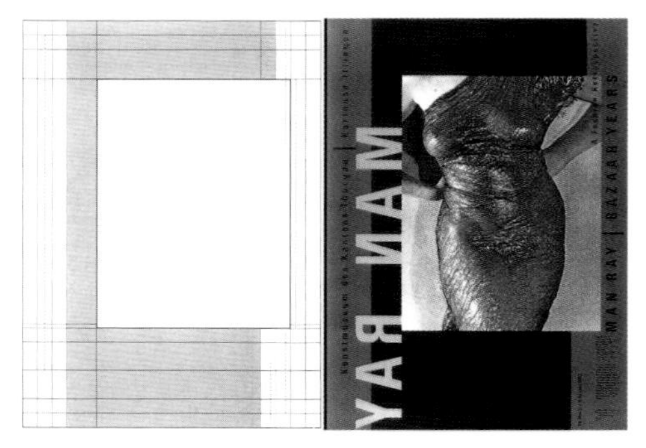

图3-35

计、瑞士版面设计或欧洲形式（与美国的自由版面形式相对而言），它的源流可追溯到20世纪20年代的构成主义。

网格设计不是简单地把文字和图片并列放置在一起，而是从画面结构中的相互联系发展出来的一种形式法则。20世纪50年代才在欧洲定型为版面设计形式。它的特征是重视比例感、秩序感、连续感、清晰感、时代感、准确性和严密性（见图3-35）。

著名的瑞士设计师约瑟夫·米勒·布罗克曼说：“网格使得所有的设计因素——字体、图片、美术之间的协调一致成为可能。网格设计就是把秩序引入设计中的一种方法。”

本小节仅对网格的基本概念作简要介绍。网格构成设计是一门学问，可以参考相关专业的书籍进行深入学习。

（3）简单网格的构成方法

简单的网格通常比复杂的网格好掌握，一般分成5个、7个栏目的网格，因为它有一定的选择余地，普遍情况下都较为实用，而且用起来很有趣；但过分复杂的网格因选择的余地过大，网格单位太小，初学者无所适从，读者也很难看清它的条理。

有条理的设计来自于流畅的结构，它能按顺序从一个元素到另一个元素进行引导。

网格学习的方法如下。

① 分析优秀的设计作品，解读网格的构成规律和形式。

首先，在速写本上通过目测，分析优秀版式设计的基本网格结构并将其绘制出来。这一步非常重要，它可以训练视觉迅速捕捉基本网格结构线的能力，避免对电脑分析的过分依赖或依葫芦画瓢的错误分析方法。

【课后阅读推荐】

[1]（瑞士）Niggli出版社.版面设计网格构成[M].郑微，译.北京：中国青年出版社，2005.

[2]（美）金伯利·伊拉姆.栅格系统与版式设计[M].上海：上海人民美术出版社，2006.

其次，将优秀版式设计输入电脑，在软件中进行分析。分析时宜采用图3–36所示的上下摆放形式进行，切忌直接覆盖在原作品上进行，目的仍然是训练视觉分析能力。

具体方法是找出页边距进行定位，在图3–36所示的作品中，左页页边距清晰可见，右页页边距为不可见，根据左、右对称的基本原理，确定出右边距的位置。页眉与页脚依此方法进行。接下来找出版式编排元素中最小的基本单元，以此确定纵向或横向单元格尺寸，然后将编排元素依黑、白、灰面的关系纳入网格内。

提示：

应着重于整体，将细节归纳到整体之中进行分析（见图3–37）。

通过对大量作品的分析，可以发现一些最基本的网格构成形式，掌握优秀版式设计中各编排元素如何在网格中进行有秩序的布局，同时，也有助于建立自己的网格数据库。

② 根据信息等级整体布局，确定主要信息元素位置，以此延伸外形轮廓线，在版式中构成基本框架。

依据草图中优化的方案，首先确定页边距、页眉及页脚空间留白的区域；然后定位主要元素，从主要元素的外轮廓形开始引导出参考线，让网格从这里根据需要慢慢发展、延伸，构成编排元素基本定位区域。

例如，标题一旦定位，就延伸出上、下、左、右四条参考线，利用这些指导性的标记对编排元素进行区域定位。同时，根据需要还可以增加参考线，由此构成简单的网格结构。

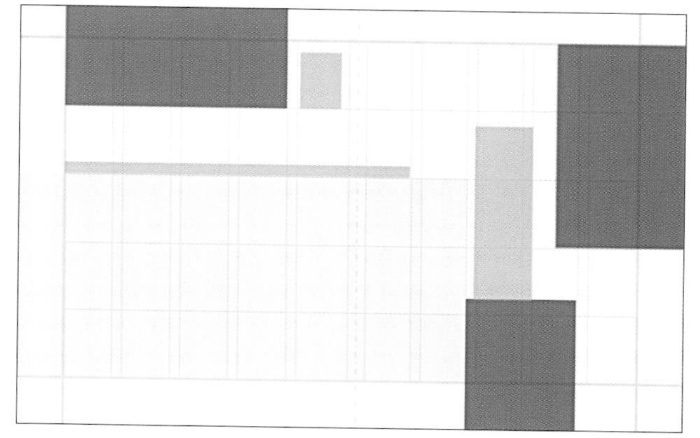

图3–36

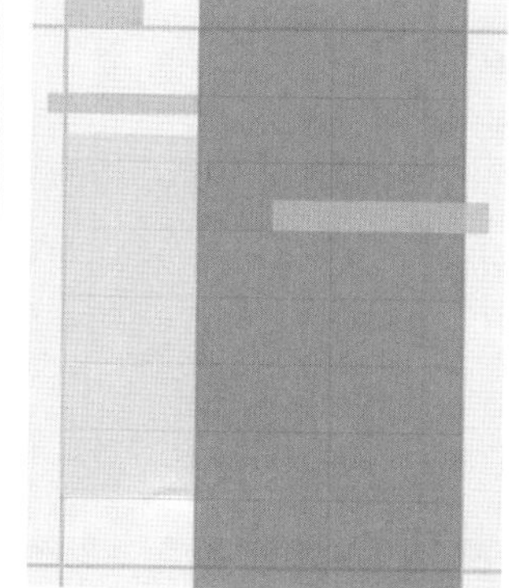

图3–37

【课堂作业】分析四张优秀版式设计作品中的网格，并在电脑中将其绘制出来(见图3–38)。

【作业讲评】

问题：

① 部分学生在进行优秀范图网格分析时，并没有去理性思考网格结构，而是直接在作品上方依据图片与正文栏线拉出网格线，对网格线的功能思考不深入。

网格的设计要基于设计方案，网格是用来规范编排元素，使其条理化的，因此进行作品分析时，一定要从分析编排元素着手。

② 网格分析一定要先分析出页边距、页眉和页脚，然后再仔细分析横线与纵线的网格规律。如遇出血的图片影响了页边距的把握，则应根据另一边的页边距来推断（见图3–36）。

只有页边距确定了，才能对版式作网格分析。

③ 网格线宜采用浅色或灰色线条表现。网格线仅起定位作用，指示编排元素的位置，因此，分析时网格线应位于编排元素之下。编排元素宜用透明值表现，这样才便于掌握编排元素与网格间的关系。

④ 在版式分析中，把握编排元素黑、白、灰及整体关系的能力须反复训练。

部分同学在分析作品时，仍然会出现对编排元素的黑、白、灰或整体关系把握不准的现象，过于注重细节而忽略对整体的把握，因此，还须加强训练。

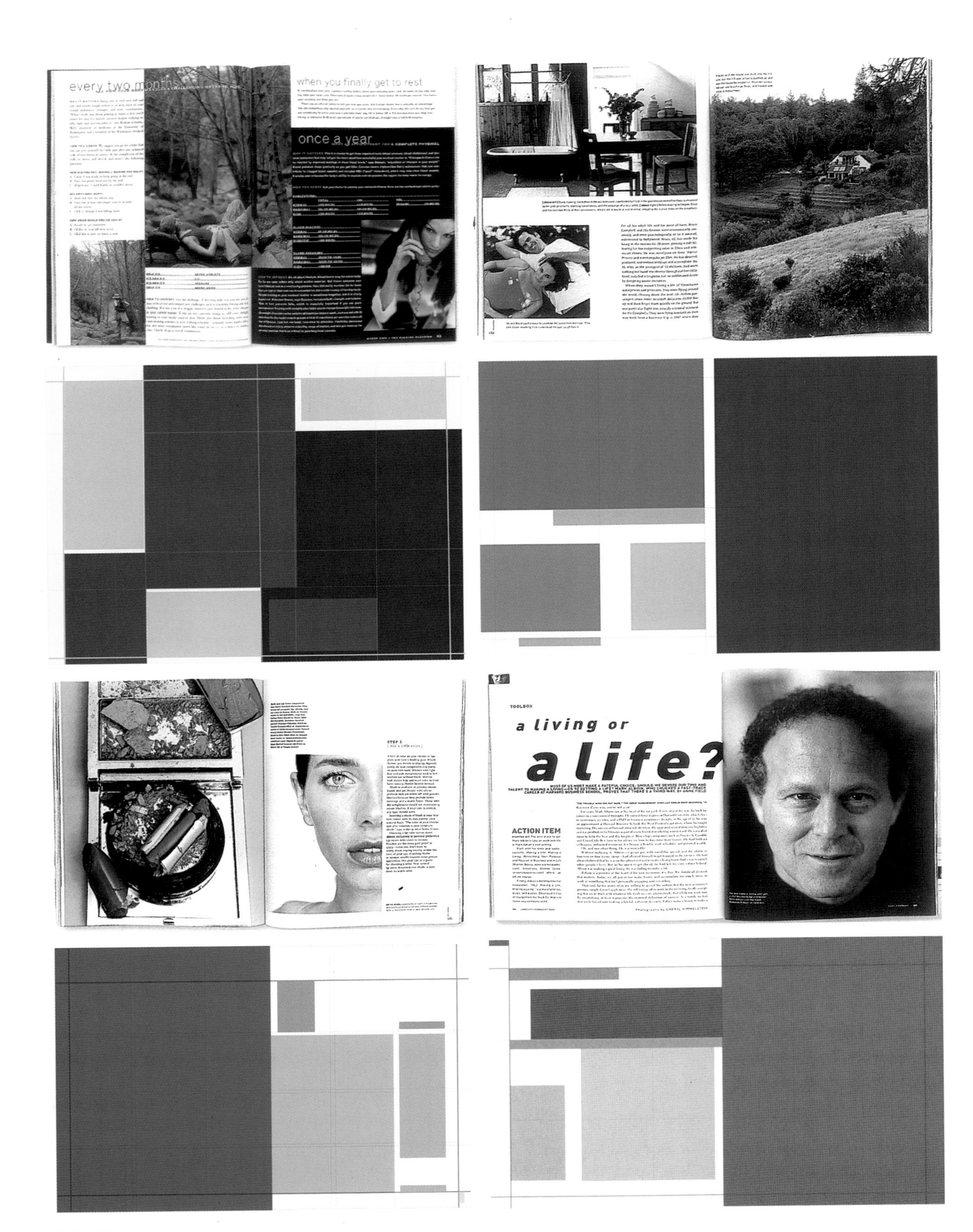

图3-38

⑤ 网格线通常是等份分割版面，部分同学分析不太认真，找不出等份关系，任其随意分割，这样很难达到学习的目的。

我们强调读图，就是要加强学生对作品的分析能力。面对优秀作品，知道如何去学习。然而，优秀的版式设计的布局并不是一眼就可以判断出来的，需要同学们用心去研究，唯此，才能提高视觉敏锐度。

解决方法：

① 加强对优秀作品分析的重视力度，强调分析的目的。

② 教师力求做到对优秀版式范例进行深入地剖析，对每个编排元素进行认真审视，这将有助于理解优秀设计师是如何将这些要素组合起来，为什么要这样组合的创意思路。

【阶段总结】

① 文本信息的分类、分区是形成简单网格结构的基础，不能小看草图的重要性，大布局一旦定位，左、右纵横的线条就延伸展开，各编排元素也就有机地结合起来了。

② 对于多页面杂志、宣传手册的版式设计，页面间的网格结构变化不宜过多，应确定基本网格线，把握好前后节奏及设计的连续性（见图3-39）。

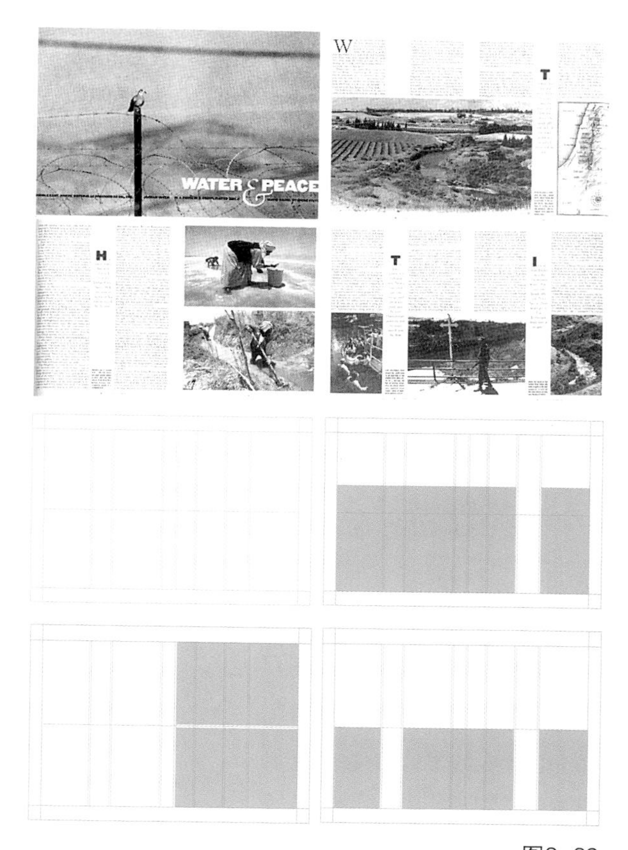

图3-39

在设计前，最好按照网格系统把所有元素都放在它们应有的位置上，然后进行调整，翻动每一页，看看是否需要变化，在必要的地方设计一些例外，但不要太多，否则整体结构就被破坏了。

③ 面对网格，必须注意怎样和什么时候可以打破结构，没有哪个网格系统是全能的。有时适当地打破这种格局，将有助于解决一个独特的版面设计问题，并在系统内部制造一些兴奋点，如可以删减、增加或分层；可以处理成不规则的，创造出一系列不同大小、比例和位置的等级模式；可以进行比例的渐变，以改变视觉和空间的连续性；可以被主要空间或主体形所打断；可以在基本框架内取走部分网格；还可以在某一栏目中创造一根新的网格线条以打破原先的格局（见图3-40）。

图3-40

提示：

如果你不断打破这一格局，说明这一网格结构已不适用于你的设计，那么也许你该重新考虑建立新的网格结构。

【课堂作业】网格结构设计。

元素：文字（《汉堡新地标——Steckelhörn11》）、多幅图片。

要求：设计三个方案，任选一个在电脑中完成（见图3-41）。

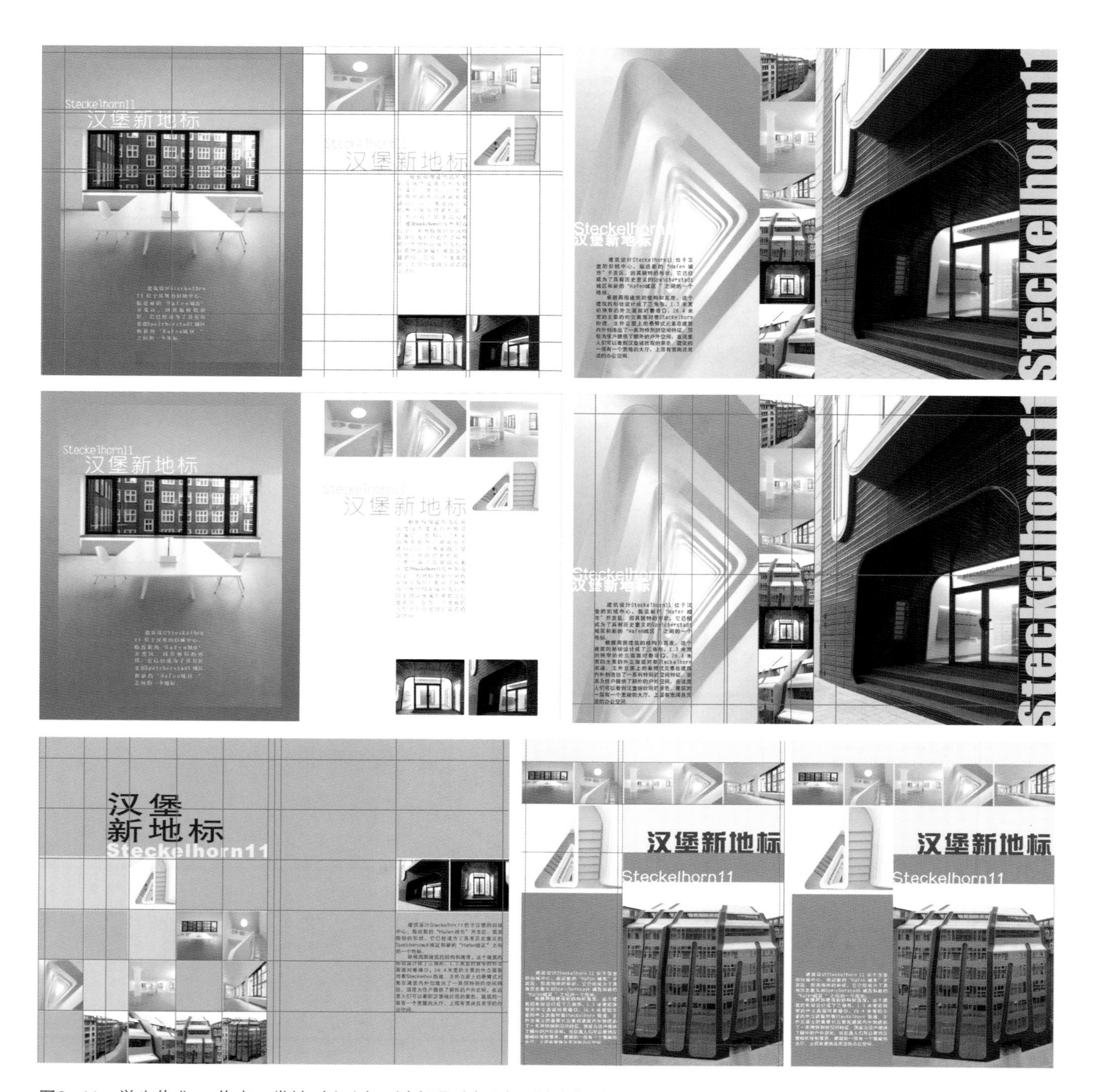

图3-41 学生作业 作者：常坤（左上）、刘光明（右上）、刘建家（左下）、甘小梅（右下）

汉堡新地标——Steckelhörn11

建筑设计Steckelhörn 11 位于汉堡的旧城中心，临近新的“Hafen 城市”开发区。因其独特的形状，它已经成为了具有历史意义的“Speicherstadt 城区”和新的“Hafen城区 ”之间的一个地标。

根据周围建筑的结构和高度，这个建筑的形状设计成了三角形，1.3 m宽的狭窄的外立面面对着港口，26.4 m宽的主要的外立面面对着Steckelhörn 街道。主外立面上的悬臂式元素在建筑内外创造出了一系列特别的空间特征。顶层为住户提供了额外的户外空间，在这里人们可以看到汉堡城壮观的景色。建筑的一层有一个宽敞的大厅，上层有宽阔且灵活的办公空间。

（资料来源http://news.a963.com/news/detail/2010-03/21486_1.shtml）

【重点提示】版式中的对比。

运用对比可以使设计作品具有层次感，而层次感就是观众接受信息的顺序，即他们能理解哪些是主要的信息，哪些是次要的信息。

对比的把握：

① 为各种元素安排一个规则的体系，然后打破这个体系；

② 图形在大小比例上设计一个出其不意的变化；文字，把语言重点转换成视觉重点最常用的是大小的对比；

③ 把某一元素移出它原有的位置（见图3-42）；

④ 去除某一预料之中的元素；

⑤ 改变某一元素量。

【案例分析】

图3-43所示的是一张广告。左图中由于狗的图形太怪异，一旦看见，你就无法停止地看着它，甚至可能引导你忽视广告文字的阅读。因此，有必要对版式中的编排元素进行调整，以便将其他信息通畅地传递给读者。右图中，将布局的焦点进行扩大，看看能达到什么程度，大幅的黑狗照片与白色背景形成鲜明对比，成为吸引受众眼睛的视觉磁场。说明文放在狗背上而不影响外轮廓形，如果再为狗的抽象外形配上意想不到的颜色，就能将令人称绝的视觉效果再提高一个层次。

对比方法主要是通过使用大胆的图形、令人惊奇的照片和引人注目的插图来捕获受众的注意力。

什么导致了作品的视觉冲击力？

① 超大尺寸、大胆而简单的图形。

② 强烈的对比——大量的黑、白区域和小块色彩的运用。

③ 非常有趣的标题字体。

图3-42

图3-43

提示：

在版式设计里找出不成功的地方同样可以让人学到很多东西。为什么这个版式没有预期的效果呢？整个版式的信息铺满了整个页面，根本没有把相似的内容进行合并？版式是怎么组合的——是不是有很多的中心内容？空白空间是不是没有组织，从而引起了视觉上的不连贯？版式风格面对的是它想要的受众吗？受众是否愿意去读它？

不要只注意那些自己喜爱的版式，要想做出有效果的版式设计，必须长期有意识地关注同行的工作，并听取读者的意见。

在版式设计中，如果在同一个平面内对编排元素进行构成，就可以表现为二维空间；但是，如果对编排元素进行不同组合，还可以在二维空间中创造出三维空间，产生运动感（见图3-44）。

① 重叠元素。把一个元素放在另一个元素的前面，模糊后面的元素。切记：重叠后文字还必须具有可读性。

② 大小变化。把预期元素的大小进行换位，运用前景/背景的对比来暗示更强烈的纵深面。

③ 透视法。一种在平面上表现体积和空间关系的技法。

在版式中构成三维空间的方法还有很多，请同学们注意在读图时进行归纳和总结。

2. 版式中的线

版式中的线包括三种：由字的编排构成的线、视觉引导线、几何线。

（1）字有秩序的编排构成的线

在平面构成中我们知道点的移动可以构成线，设计中常常将字作为点进行线的编排，通过字体、粗细、大小的变化构成不同明度的线（见图3-45）。

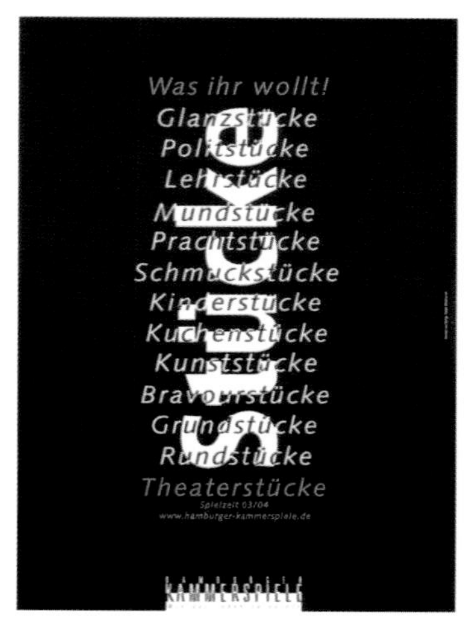

图3-44

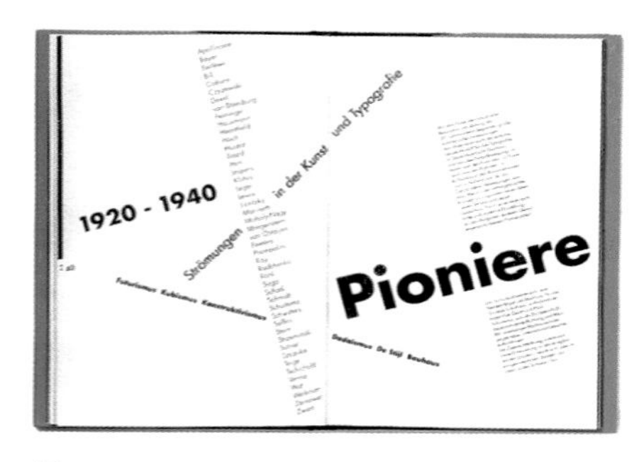

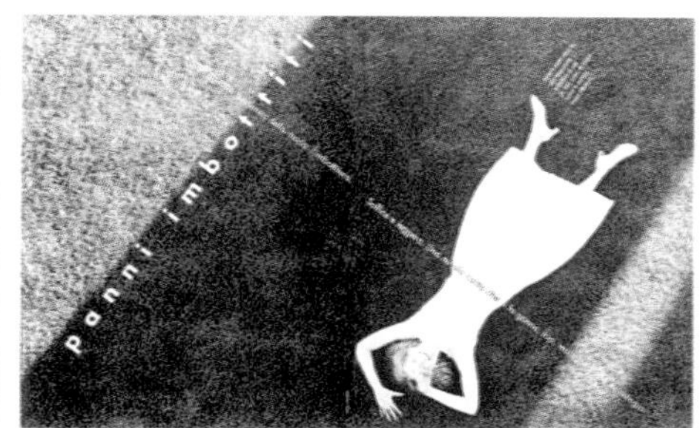

图3-45

(2) 视觉引导线

视觉引导线在版式中是一条看不见但却非常关键的导向线，它直指中心内容。

在分析作品时，一定要善于发现这条看不见的线，因为它引导视线去关注设计主题，成为贯穿版面的主线。版式中的编排元素以视觉引导线为中心，依信息级别向左右或上下展开。

视觉引导线是版式设计中定位的依据，表现为水平线、垂直线、曲线、斜线。

构成方法：

① 通过图片中的人物视线延伸出主导线；

② 通过指示性符号、人物手势等延伸出主导线；

③ 通过标题字的定位延伸出主导线；

④ 通过网格中的主要结构线延伸出主导线。

【作品分析】

如图3-46所示，左图为上下分区，以分区线为视觉引导线，向右图延伸引导出跑步的选手，并顺头部方向直指标题，右图中的主要信息都定位在这根引导线上，其他文字信息，以视觉引导线为中心向上下编排。

通过分析，视觉引导线的作用就清晰地显现出来，当你对右图标题定位把握不准时，视觉引导线可以帮助你轻松决定。

如图3-47所示，左图以人的眼睛为视觉引导线定位标题字，并延伸至右图定位三张图片的位置。在右图3×5的网格中，正文以视觉引导线为中心向上下编排，使信息等级清晰明确。

如图3-48所示，左图中从上向下深色的指示性符号直指标题，从左向右白色指示性符号直指说明文，视觉引导线隐藏在箭头的移动之中，将信息级别依主次呈现出来。右图中，手指类似于指示性箭头，直指标题，具有强烈的视觉引导作用。

(3) 几何线

几何线表现为可视的网格分区线和装饰线(见图3-49)。

① 用线分割版面的设计。网格线通常是隐性的，仅起定位作用，没经过专业训练的受众不易发现。但是，版式设计师有时也别出心裁地使优美的网格结构线跃然纸上，成为可视线条。设计时，应将网格线视为装饰元素作整体上的安排，切不可让纵横密布的网格线影响信息的传递。

② 用线装饰编排元素的设计。在版式中，编排元素时常用线来装饰，引起视觉关注。

当引文需要强调时，用线作为装饰，将引文与正文加以区别。正文中，装饰线条可以将正文进行平级信息分区。同时，线条也可以用在单词下方，对正文中的重点内

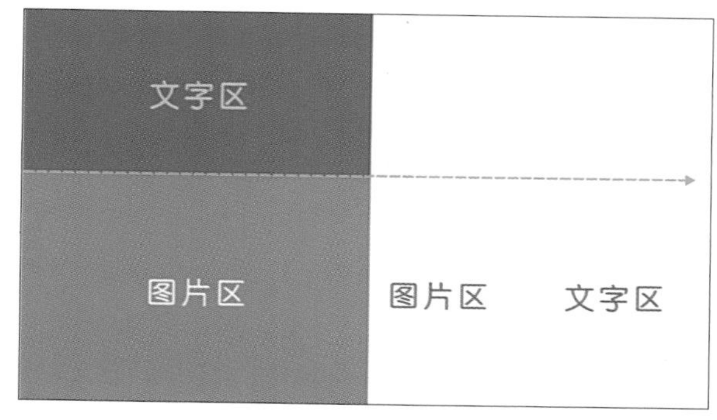

图3-46

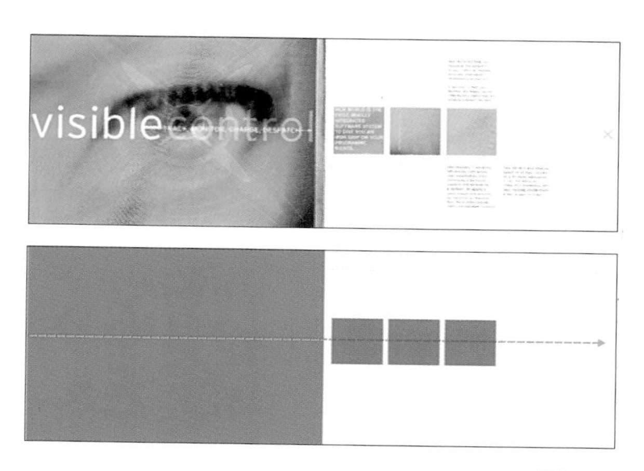

图3-47

图3-48

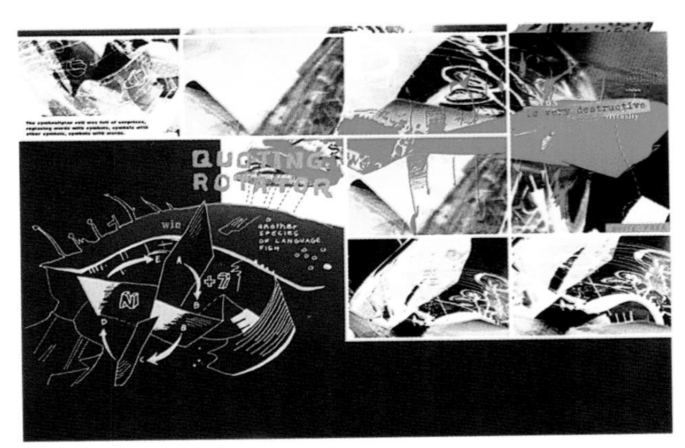
QUOTING ROTATOR
another species of language fish

CLIMAP_
ALASKA
alaska FOCUS
STRANGE DAYS INDEED
SIZE MATTERS
AND THEN THERE WAS ATLANTIS
POLITICAL LIFE—ALASKAN STYLE
DIRECT DEPOSIT

surveillance
Shields Up
Body Image
Shields Up
66
Chill Factor

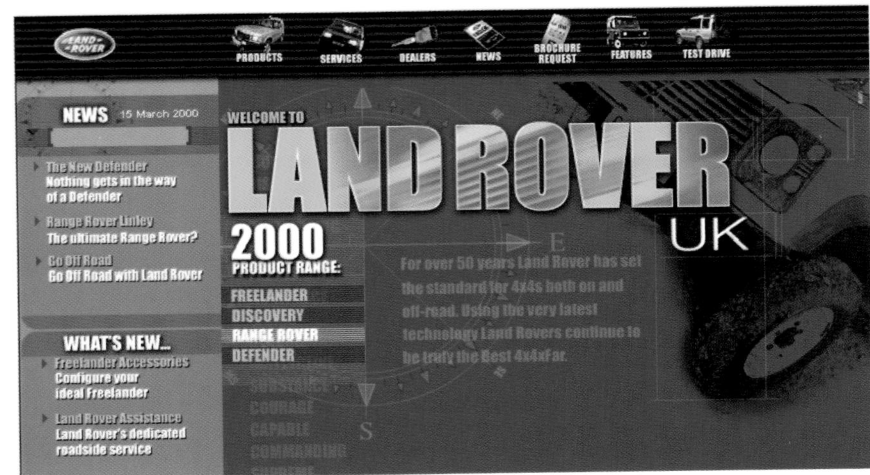
LAND ROVER
PRODUCTS
SERVICES
DEALERS
NEWS
BROCHURE REQUEST
FEATURES
TEST DRIVE
NEWS 15 March 2000
The New Defender
Nothing gets in the way of a Defender
Range Rover Linley
The ultimate Range Rover?
Go Off Road
Go Off Road with Land Rover
WELCOME TO
LAND ROVER
UK
2000
PRODUCT RANGE:
FREELANDER
DISCOVERY
RANGE ROVER
DEFENDER
For over 50 years Land Rover has set the standard for 4x4s both on and off-road. Using the very latest technology Land Rovers continue to be truly the Best 4x4xFar.
WHAT'S NEW...
Freelander Accessories
Configure your ideal Freelander
Land Rover Assistance
Land Rover's dedicated roadside service

图3-49

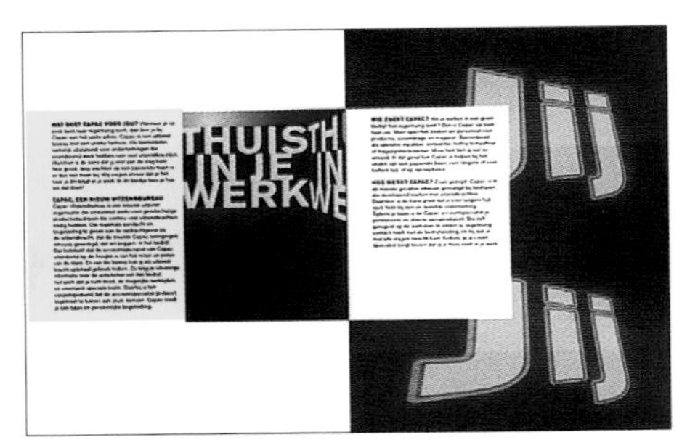
THUISTH
IN JE IN
WERKWE

FLEXIBEL

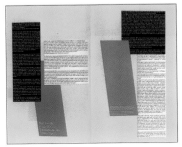

I'd Like To Buy The World's Shelf-Stable Children's Lactic Drink
Coca-Cola confronts a global marketplace that has lost its thirst for bubbly brown sugar water.

new ways to read
listen
in your local library
Large print books
Big print newspapers
Closed circuit television
new ways to read
read
in your local library
Audio books
Reading machines
Talking newspapers
new ways to read
see
in your local library
Books in Braille

图3-50

容起强调作用。

③ 用线框来限定版式中的编排元素。线框可以用来加强某种编排元素视觉效果，使其在整体中显得特别出众。当被强调的对象是说理性很强的文字或图形时，可用有规律的几何形线框来限定它，使形式与内容完美统一。

④ 用线来装饰整体版面的设计，常用于展开页的整体设计，起到连贯信息的目的。

3. 重复原则

同样的形在一个版式设计中多次使用，称为重复。

重复包括形的重复、尺寸重复、色彩重复、质感重复、方向重复、位置重复、空间重复和质量重复等。

版式设计中，重复原则常表现为编排元素间形的重复、编排元素与空白空间形的重复、编排元素在网格单元中的重复、编排元素间色彩的重复、文字信息之间对齐方式的重复等（见图3-50），构成协调一致、整体有序的视觉形象。

然而太多的重复可能会使编排缺乏活力，这时可以在方向和空间上做一些变化，如形与形之间以各种方式相互叠加、穿透、组合或使正负形结合等。

设计前，依据对文本的分类，找出须通过重复外形来加强整体关系的编排元素。设计时，有意识地在分区中加强正文形与正文形的重复、正文形与图片形的重复、对齐方式的重复、色彩的重复等。巧妙地运用重复原则，能使版式形成优美的节奏和韵律感。同时，将这种重复特征运用于不同的页面，可使受众清晰地明白信息之间的组织结构。

【作品分析】

图3-51所示的是一张广告设计，版式为上下分区：上为文字区，下为图片区。图片区中，最大的一张图片，其外形为细长矩形，构成这页版式中的基本形；小图片以近似于基本形的形重复地排列在一起，形成的整体外形也与基本形保持一致。文字区中，标题字的外形与基本形相同，从而构成了图片与标题字之间形的重复。我们从分析图中可以清晰地看见重复原则在版式设计中的运用。

【课后思考题】阶段性总结

通过对第三章学习，请结合设计实践谈谈对分类、分区、分栏的理解。

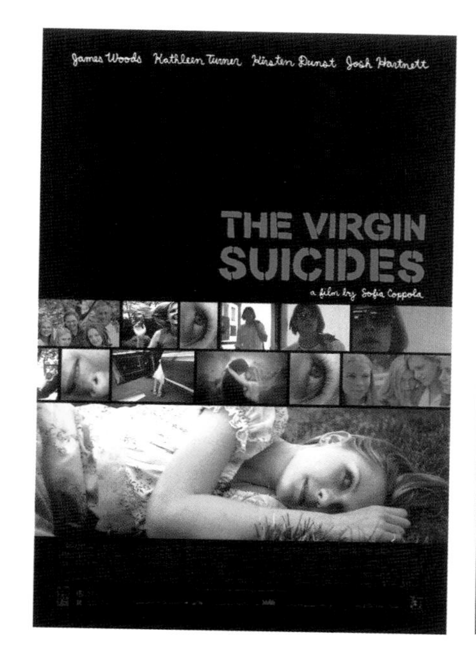

图3-51

第四章　文字的编排

版式设计中，常常有同学提问，为什么标题字要选择XX字体？为什么标题字不能用XX字体？为什么正文通常要选择五号宋体而不能改用XX体？为什么正文一般不用彩色表现……本章将讲解文字编排的基本原则。

对于纯文本的版式设计，文字就是设计中的主要元素，字体的选择、字号的选择、字距行距的选择等变得非常重要，不要低估文字元素在设计中的特殊作用。

字的作用是供人阅读，易读性是文字编排的前提。文字的不当编排会造成易读性降低从而妨碍人们阅读，布局良好的字体是交流的基础。

影响文字易读性的常见因素有：字体风格、字体粗细和大小、字行长短、字距、行距、段落间隔等。

第一节　字体

对于文字的设计，首先应了解字体的特点。

汉字的基本字体是宋体与黑体，外文的基本字体是文艺复兴字体、古典主义字体和现代自由体。这些字体在版式设计中使用最多也最为广泛。

1. 宋体

宋体又称老宋体，起源于北宋刻印时期，到明代被广泛采用，故亦称为明朝体。宋体的特征是字形方正，横细竖粗，横画和横、竖画转折处吸收了楷书用笔的特点，都有顿角，点、撇、捺、挑、勾与竖画的粗细基本相等，其尖锋短而有力。因此有“横细竖粗，撇如刀，点如瓜子，捺如扫”的口诀（见图4-1（a））。

宋体字的形状，一般有三种：长方形、扁方形和正方形。长方形或扁方形要注意它的高和宽的适当比例，不能拉得太长或压得太扁，一般较适宜的比例是3：2、3：4、3：5等。

需要强调的是，在扁方形格内，宋体字的书写应注意：竖笔画一般占格内的六分之一或小于六分之一，横笔画一般占竖笔画的四分之一或五分之一，如果竖的笔画超过了六分之一，字就显得粗笨。

【课堂作业】临摹图4-1（a）、图4-2（a）宋体笔画与部首。

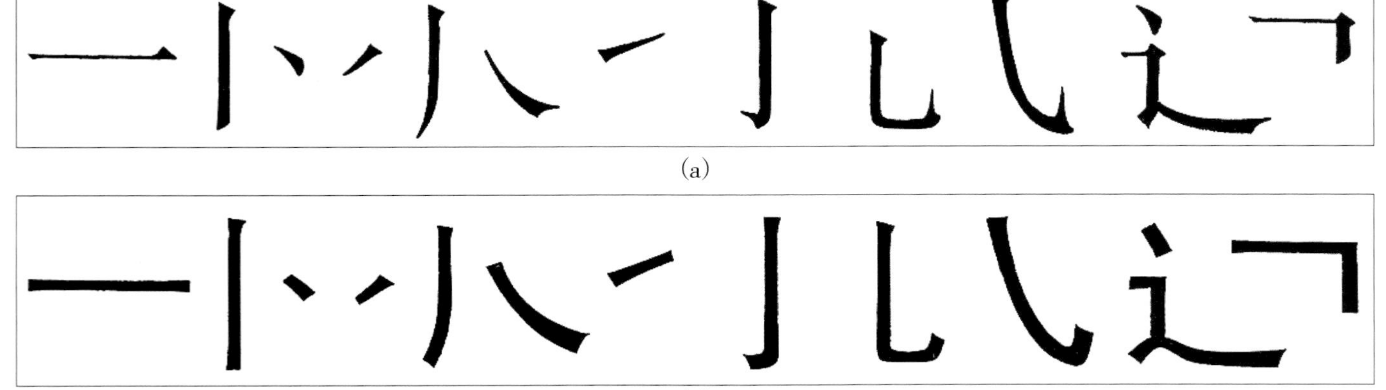

(a)

(b)

图4-1

2. 黑体

横竖笔画粗细一致，方黑一块，笔形两端略呈方形，因此得名。黑体的点、撇、捺、挑、勾也是方头，所以又称为方体（见图4-1(b)）。

黑体在风格上虽不及宋体生动活泼，却因为它庄重有力，朴素大方而引人注目，常用于标题、广告等醒目的位置上，有强烈的视觉效果。

黑体一般是正方形，横笔画和竖笔画一样粗，竖笔画占正方形书写格的八分之一。书写时不能将笔画写得过粗，过粗黑体字显得粗笨，笔画之间也模糊不清；相反，也不能将笔画写得太细，太细的黑体字会显得瘦弱无力。

【课堂作业】临摹图4-1（b）、图4-2（b）黑体笔画与部首。

【课外作业】收集相关报纸中宋体字或黑体字标题进行临摹，用心体会这两种字体给人的不同感受。

3. 文艺复兴字体（老罗马体）

文艺复兴字体形成于15世纪欧洲文艺复兴时期，它是拉丁字母的古体字，又称老罗马体。其特征是以圆形的轴线左右倾斜，粗细线条对比不大，字脚线和笔画线之间夹角成圆弧形。文艺复兴字体中最优秀的字体是与法国人加拉蒙（Claude Garamond）同名的字体。它纤细的字脚和头发似的细线构成了明快畅亮的调子，优雅而亲切，柔软而美观，具有强烈的装饰效果和易读性，适用于古典作品及有悠久历史的商品装饰。今天许多国家仍把它作为最常用的字体（见图4-3）。

4. 巴洛克字体

16~18世纪是拉丁字母的巴洛克时期，它是文艺复兴之后古典主义之前的过渡字体，最有代表性的是英国的卡斯龙体（Caslon），也有与它配套的斜体，粗细线条对比强烈，明朗舒畅。由于它适合排印任何文体的书籍，所以也是今天最常用的字体（见图4-4）。

5. 现代自由体

19世纪初在英国产生了第一批广告字体——格洛退斯克体（Grotesk）和埃及体（Egyptienne）(见图4-5)。它们的特征是都有同样粗细的线条，前者完全抛弃了字脚，只剩下字母的骨骼，也叫无字脚体；后者是在无字脚体上加添短棒形的字脚，颇有粗犷的风格，因此又叫加强字脚体，相当于黑体，具有强烈的广告效果，常常用于广告设计

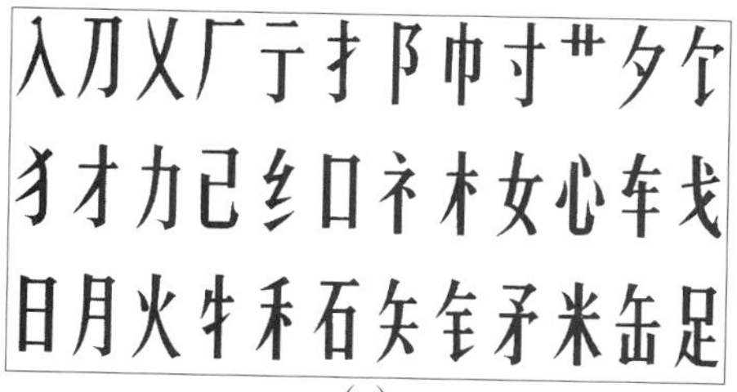

(a)

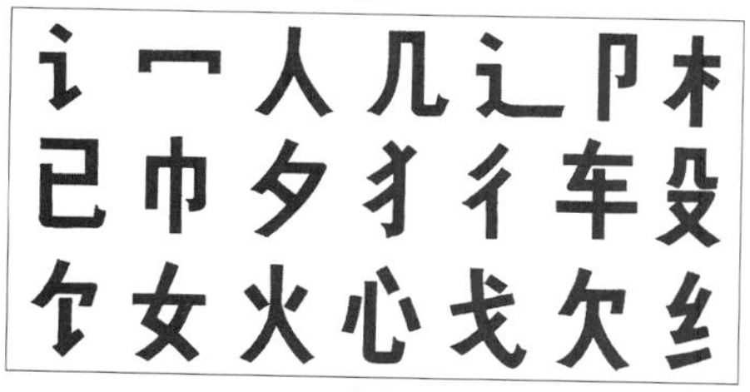

(b)

图4-2

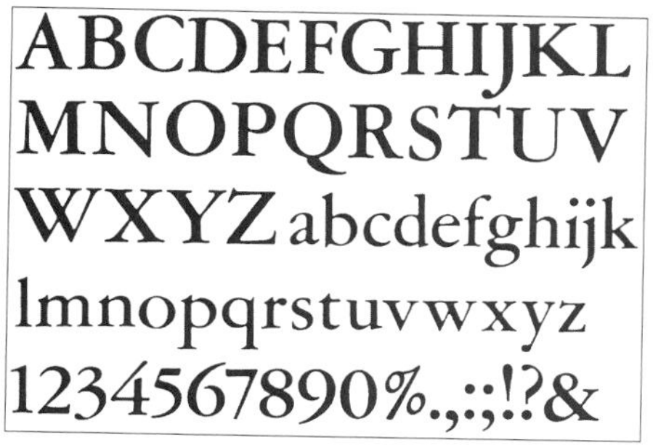

ABCDEFGHIJKL
MNOPQRSTUV
WXYZ abcdefghijk
lmnopqrstuvwxyz
1234567890%.,:;!?&

图4-3

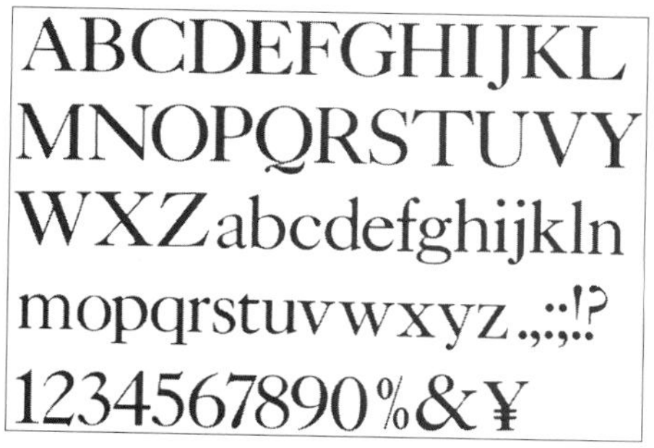

ABCDEFGHIJKL
MNOPQRSTUVY
WXZ abcdefghijkln
mopqrstuvwxyz.,:;!?
1234567890%&¥

图4-4

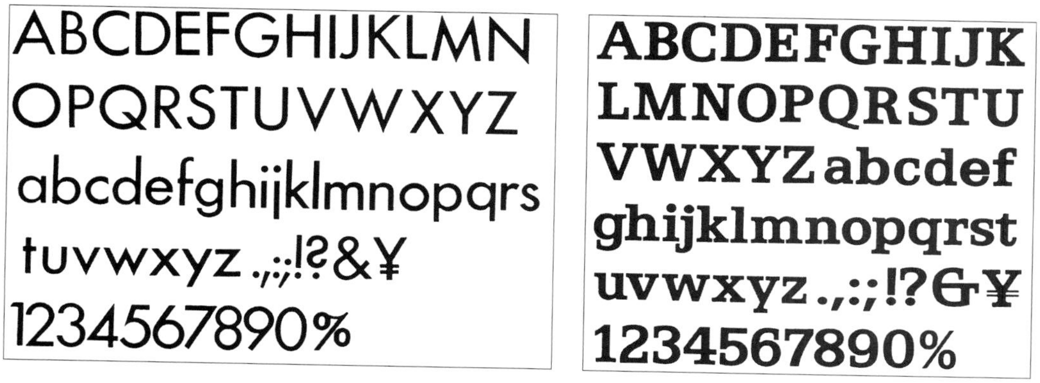

ABCDEFGHIJKLMN
OPQRSTUVWXYZ
abcdefghijklmnopqrs
tuvwxyz.,:;!?&¥
1234567890%

ABCDEFGHIJK
LMNOPQRSTU
VWXYZ abcdef
ghijklmnopqrst
uvwxyz.,:;!?&¥
1234567890%

图4-5

中。现代自由体发展到今天，又有了从斜体和民间手写体的基础上发展起来的数量众多的书写体，书写体活泼自由，运动感强，也是常用的广告字体。

6. 拉丁字母基本字形比例

拉丁字母结构由圆弧线和直线组成，可归纳为方、圆、三角三种形状，并可分为单结构和双结构。在书写时，字形的大小不能都取相等，因为这三种形状的字母排列在一起时，在视觉上是不同的，方形最大，圆形其次，三角形最小，因此，在宽窄比例上有4：4、4：3、4：2之分，目的是在组成词、句时，使字面保持一定均匀的黑度，文字显得舒畅美观（见图4-6）；有时，在个别情况下，还需略增字高，以期具有相同的大小感觉。同时，字母与字母之间的间隔也有其自身的规律（见图4-7）。

【课堂作业】 根据三种基本外文字体造型，在电脑字库中找出近似字体（见图4-8）。

目的：寻找近似字体时，要求对细节进行分析，强调整体与局部的把握。

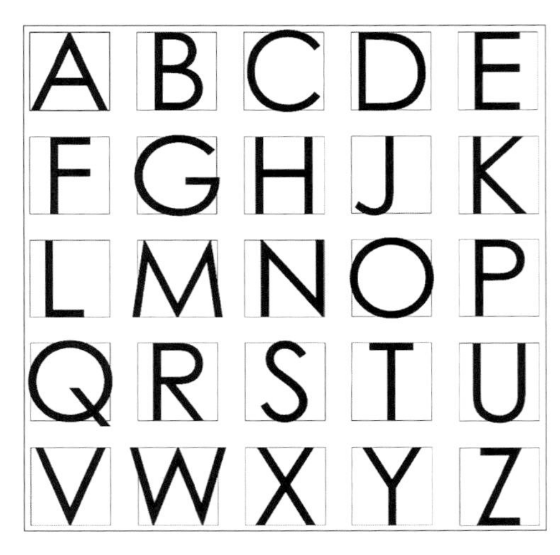

图4-6

HE HOMA OC OV AV VW

图4-7

ABCDEFGHIJKL
MNOPQRSTUV
WXYZ abcdefghijk
lmnopqrstuvwxyz
1234567890%.,:;!?&

字体：加拉孟体

ABCDEFG
HIJKLMN
OPQRSTU
VWXYZabc
defghijklm
nopqrstuvw
xyz&%?123
4567890

字体加拉孟体的相似体

字体：GaramondNo4CyrTCYLig

ABCDEFGHIJKLM
NOPQRSTUVWXY
Zabcdefghijklmnop
qrstuvwxyz&%?123
4567890

字体：Georgia

ABCDEFGHIJ
KLMNOPQRST
UVWXYZabcde
fghijklmnopqrst

字体：GaramondNo4CyrTCYMed

ABCDEFGHIJKL
MNOPQRSTUVW
XYZabcdefghijklmn
opqrstuvwxyz&%?1
234567890

字体：Galliard BT

字体波罗尼体的相似体

ABCDEFGHIJ
KLMNOPQRS
TUVWXYZab
cdefghijklmnop
qrstuvwxyz&%?
1234567890

字体：Baskerville old Face

ABCDEFGHI
JKLMNOPQ
RSTUVWXY
Zabcdefghijkl
mnopqrstuvw
xyz&%?
1234567890

字体：baskerville win95BT

ABCDFEGHIJKL
MNOPQRSTUVW
XYZ abcdefghijkln
mopqrstuvwxyz&
1234567890

字体：波罗尼体

ABCDEFGHIJK
LMNOPQRSTU
VWXYZabcdefghi
jklmnopqrstuvwx
yz&%?12345678
90

字体：CasloniodFace Hv BT

ABCDEFGHIJKL
MNOPQRSTUV
WXYZabcdefghijk
lmnopqrstuvwxyz&
%?1234567890

字体：backslant

图4-8

【作业讲评】

部分同学在做作业时，选择了近似字体三到七组，但没有进一步比较，诸如字的整体印象如何？字体属长体、方体或扁体？字体的笔画特征是什么？字体大写、小写是否近似？这些问题如果都能考虑好，就不难在所选字体中分出最接近原件的相似体。

7. 字体选择原则

在版式设计中，字体选择原则包含标题字、副标题字、引文、说明文、正文等文字的总体选择原则。

① 清晰易读是文字编排的重点所在，因为文字的最终目的就是为了阅读。文字的可读性依赖于设计师通过对文字的研究而创造的轻松的阅读环境。

② 在阅读中，如果读者意识到字体的形状，字体的选择就需要再作推敲，因为它使读者从信息自然平稳的过渡中分心。切记，那些挑战我们阅读习惯的文字，对文字的易读性影响最大。

③ 文字编排质量取决于文字部分与非文字部分之间的关系，不可忽略文字编排外的空白空间。

④ 当文字与图片进行重叠组合时，尽量选择与图片意境相符的字体。例如，一张充满激情和力量的图片需要黑体类的粗体与之相匹配，相反，柔和的图片则需要纤细、精致的字体予以强化。同时，还得考虑把文字放置在何处，仔细分析图片，找寻每一个元素中放置文字区域的任何可能的启示。

⑤ 字体的选择影响情感反应。不同的字体具有不同的情感表达。标题字与副标题字在字体选择时，一定要与主题表达的情感相一致。正文字体最好以中性情感的字体为准，不宜带有过多的情感特征，牢记清楚易读的字体选择原则（见图4-9）。正如荷兰设计师皮特•茨瓦说："花哨的字体与编排的实用目的是背道而驰的。本身越无趣的字体在编排中就越有用。"

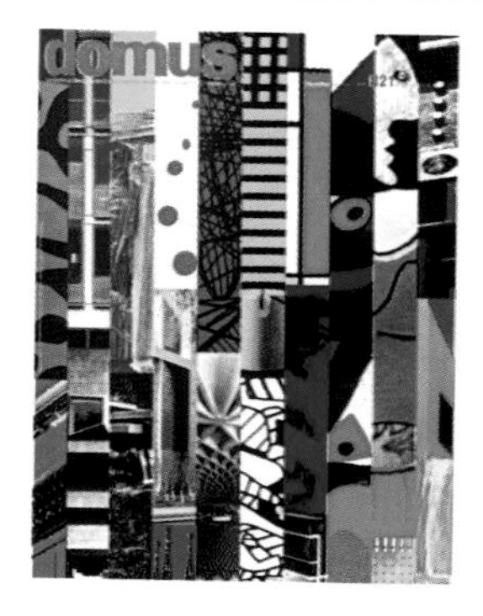

图4-9

第二节　字号、字距、行距、字系、标题字

1. 文字编排原则

① 对阅读而言，字与字之间的组合标准应按视觉习惯进行间隔。和谐的间隔会形成均匀的编排“色彩”或灰色调，使阅读过程更容易。

② 简洁的文字编排与强烈的表现力相结合，才能使信息既清楚易读又有趣味性。阿•汗特•米多坦说：编排是印刷页面的声音，但只有当它被人们的眼睛看到、被人脑转化成声音、被人们的耳朵听到、被思维所理解、被大脑记住、储存后，编排才变得有意义。

③ 对文本理解越透彻，字体的选择就越富有表现力。对于文本信息，要明白它的主题思想，才能选择最佳表现字体。

④ 把握好文字之间的逻辑关系和节奏感。文本分类时，应有意识地在一个新的理念前停顿一下，把信息进行合理分组，这样会使内容表达更为清楚，版式表现更加明晰。对于长标题的设计，常采用多行表现，标题在断句时，逻辑关系及停顿节奏必须认真分析。如果断句错误，会带来阅读时的难理解、不流畅，直接影响阅读和理解的速度。

【课堂作业】 感受字体的声音（见图4-10，法国平面设计师Michal Batory作品欣赏）。

要求：外文字母或数字的自由编排。

目的：字体，就像代言的声音，可以印得非常醒目，也可以非常低调、不惹眼。它可以大喊大叫，也可以用非常优雅的嗓音通知。它可以是一本正经也可以是非正式的，可以是华丽的也可以是乡土的。试图让文字最大限度地展现它的表现潜力（见图4-11）。

2. 字号

通常情况下，标题字的大小一般以14磅以上为宜；正文用字一般为10~14磅。在具体设计时，还须按设计要求进行调整（见图4-12）。

字号特征如下。

① 大粗字体易造成强烈的视觉冲击力，细小字体则能温和地引导视线连续阅读。

② 用细小的文字构成的版面，精密度高，整体性强，给人一种纤细、现代和雅致的感觉。

③ 反向字体需要特殊的处理方法。在黑底或明度低于40%的色底上编排白字，通常字体看起来会比本身显得稍微小些，字号选择不宜小于六号，字的粗度要加强，字间距和行距可以适当加大一点。

3. 字距、行距

良好的字距和行距的编排，应该是使受众在阅读过程中难以觉察字间与行间的间隔偏差，表现出极强的

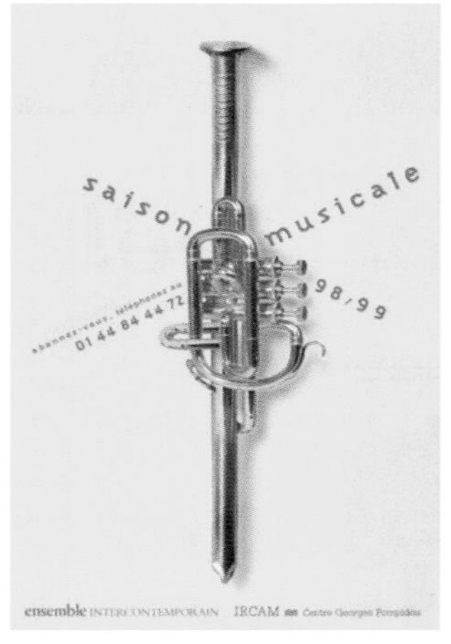

图4-10

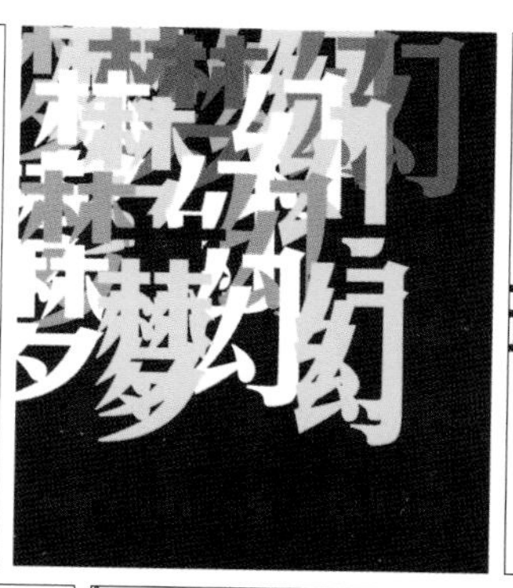

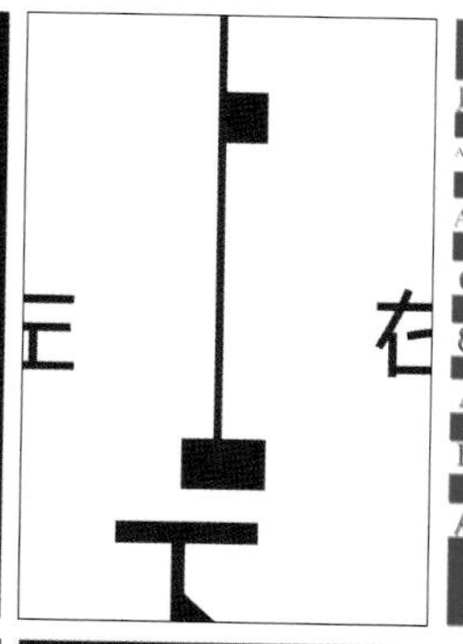

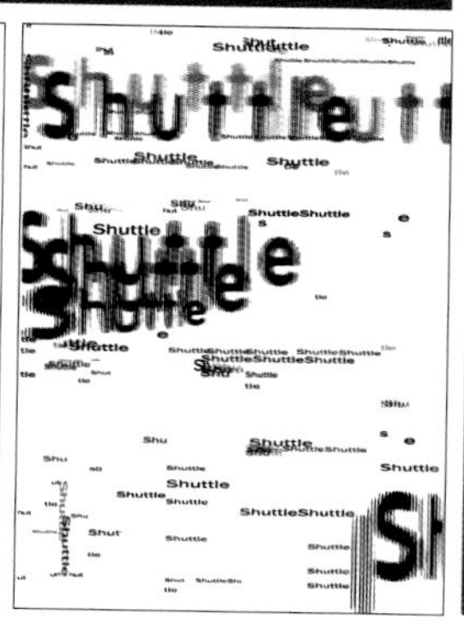

图4-11　学生作业

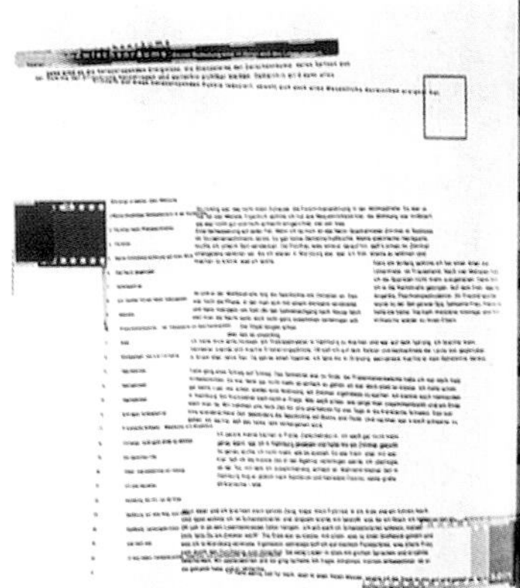

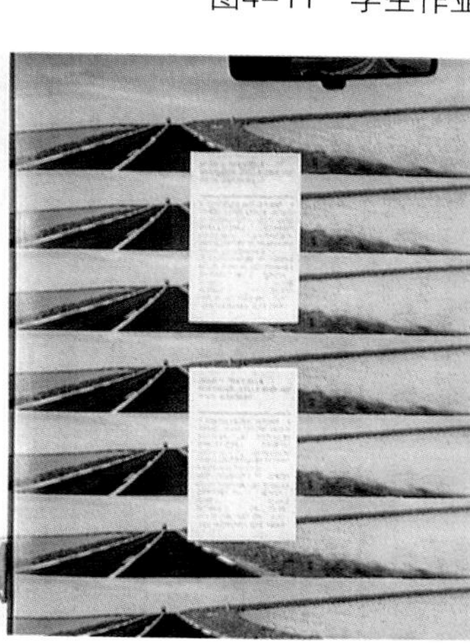

PLASTIC POETRY

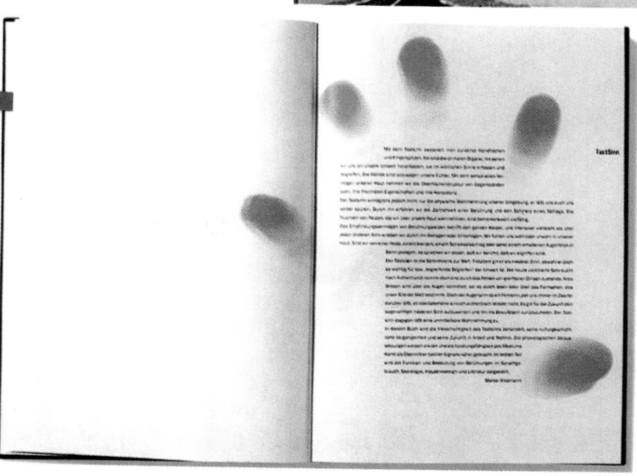

图4-12

整体感（见图4-13）。

由于汉字特有的方形外观，在编排时字间间距较易把握，通常正文选择五号字体时，字间间距与行间间距以文字处理软件的默认值为准；选择小四号字时，以默认值编排行间间距略显拥挤，应调整行间间距以固定值取17~19为宜。选择四号以上的字体为标题字时，字间间距应略做加宽处理；行间间距一般情况下以小于字的高度为宜，但具体值还要视整体编排的需要而定。

外文字母有多种外形，因此在编排时应做如下调整。

① 就可读性而言，行距的增加比字体大小更重要，行距太小会造成视觉上的混乱，行距应为上伸字母（指字母的某部分上伸，如b、d、k）和下伸字母（指字母的某部分下伸，如j、g、p）留下可供伸展的空间，一般情况下行距一定要大于字间距，不然，视线就会随着版面往下滑，而不是水平跨过字行。

② 字体一行应排多少字最合适呢？大脑和眼睛在感到疲劳并游离于所阅读的材料之间时，所能承受的每行长度极限据测为39~52个字母的长度，因此，字号必须随着字行的加长而增大。

③ 词间间距一般电脑会自动设定，但有经验的设计师会给正文或标题专门设计间距，按需要扩大或压缩词与词前后的细小空间（见图4-14）。

正文的词间间距应通篇保持一致。标题字可考虑统一设计每个字母之间的间距标准，如果字母间距太小，可读性会受到影响；如果间距太大，词的结构遭到破坏，读者就不得不停下来，在脑子里对词进行重新组合。

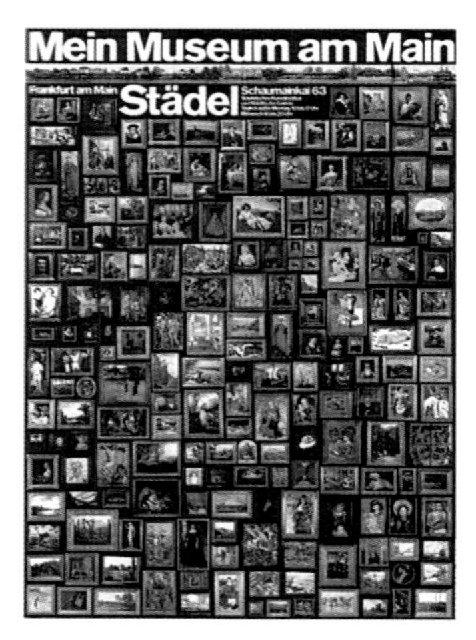

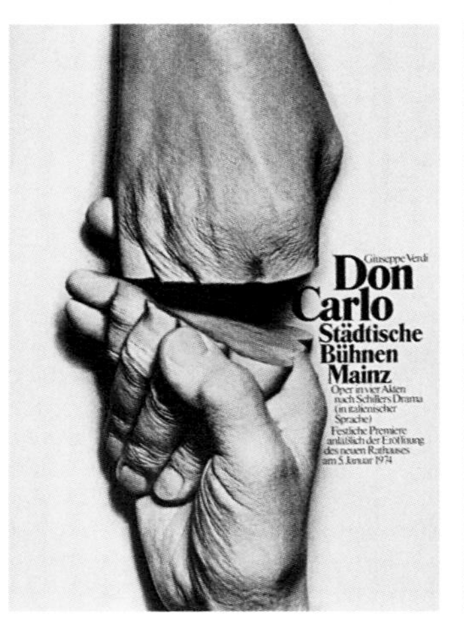

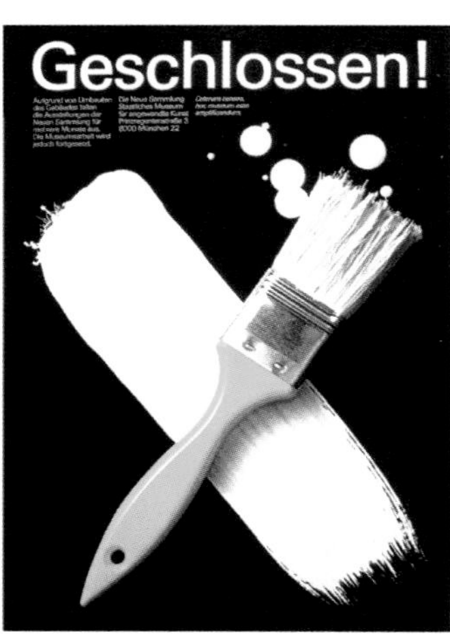

图4-13

WordspacingdevelopeddduringMedievaltimeswhenscribesaddedvaryingamountsofspaceto perfectlyfilloutlinesofhandwrittentext.WrittenperfectionwasthoughttomirrorGod'sownperfection. Thescribesalsoinventedcontractions,whichallowedlongwordstobemadetofitintoavailablespace.	词间距太小
Gutenberg continued the practice of justifying type as much for aesthetic as for practical reasons. His moveable type needed to be "locked" in position before printing, and each line had to be the same length to accept being locked up.	词间距太大
Gutenberg cut pieces of wood that could be inserted between words to achieve the smooth right edges his machine required. Today's digital typesetting can adjust spacing with unprecedented precision, but putting the right amount of word space in a block of text or display type still requires a designer with knowledge, vision, and experience. Word spacing	词间距理想

图4-14

4. 字系

现代设计中常常在同一页或正反页进行中、英文文本同时编排，这就需要对中、英文字系有所了解，以便于编排时中、英文协调一致。

一般情况下，同一个版面或同一个内容，切不可选择太多的字体，特别是当中、英文同时编排时，宜选择具有相似性的同一字系，避免字体间对比过大造成视觉上的混乱。

① 同一字系：由相近似的字体组成。在同一字系中，基本设计保持不变，可以考虑改变字体大小、粗细或色彩以求变化和突出重点。

中、英文字体在编排中要注意使用各自的行距和字距的调整原则，切不可选择同一种行距或字距。

② 一套字系：包括大小写字母、阿拉伯数字和标点符号。

【课堂作业】 自选四个汉字和一组英文单词进行同一字系选择练习（见图4-15）。

5. 标题字编排的基本形式

（1）标题字的位置

标题虽位于整段或整篇文章之首，在设计时不一定千篇一律地置于段首，可做居中、横向、竖向或边置等编排处理，有的可直接插入字群中，以求用新颖的版式来打破旧有的规律。

（2）标题字的选择

标题字的选用对整个版式编排起着重要的作用，字体选择得体、字体特效到位，可在版面上表现出不同的气氛，对设计内容有明显的强调作用。

从某种程度上说，选择标题字时很容易“挑花眼”，这时应该多问自己几个问题。

字体的视觉效果如何?

你想让标题字反映出正文内容吗？切记，一些字体看上去优雅柔和，另一些却强烈粗犷，选择的字体要与主题内容相一致。

你想让标题字与正文相协调还是形成对比?对字体的特征及产生的效果要有充分的把握。

（3）标题字的编排

现代版式设计中，标题字的编排也在尝试新的创意，字与字之间由强调装饰变形转变为侧重研究其内部的组织结构，穿插、叠加、合并、模糊、隐藏、填充、相接、穿透、联合、减法、剖切、重合、大小对比、空间应用等成为标题字的构成技巧（见图4-16）。

提示：

① 运用这些技巧进行标题字设计时，同样应该对文字信息进行分类合并，找出需强调的字与词，在大小、色彩、位置上作特异表现（见图4-17）。

② 有意摆弄字体，会变得难以理解，无法阅读，设计时必须十分小心。

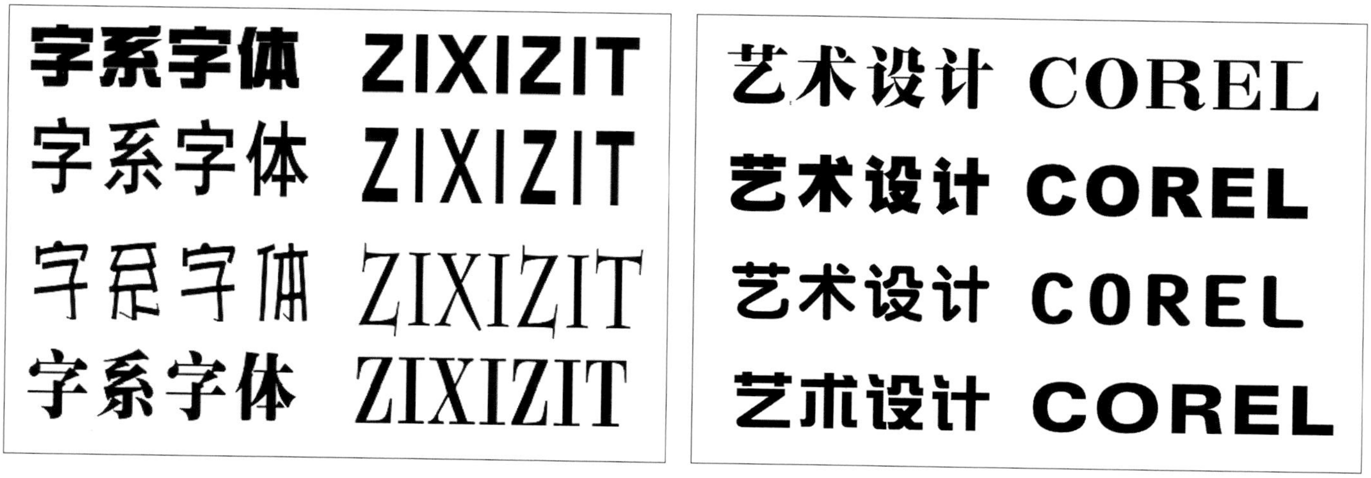

字系字体 ZIXIZIT
字系字体 ZIXIZIT
字系字体 ZIXIZIT
字系字体 ZIXIZIT

艺术设计 COREL
艺术设计 COREL
艺术设计 COREL
艺术设计 COREL

图4-15 学生作业

THE NEW

THÉATRE
NANTERRE-AMANDIERS
2003
2004

LONE STAR
productions
TALE

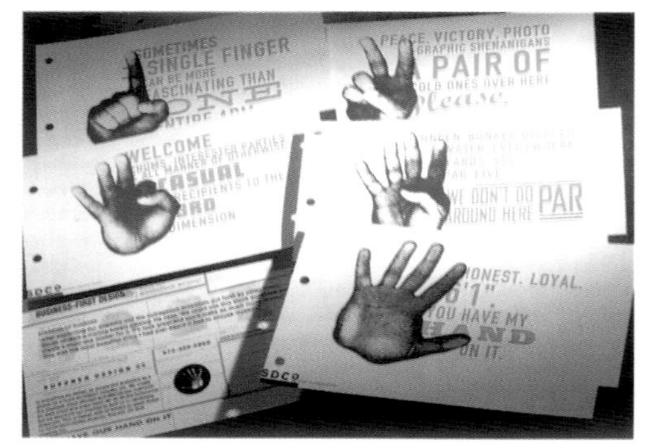
SOMETIMES A SINGLE FINGER
PEACE, VICTORY, PHOTO GRAPHIC SHENANIGANS
A PAIR OF OLD ONES OVER HERE
WELCOME
WE DON'T DO PAR AROUND HERE
HONEST. LOYAL.
YOU HAVE MY HAND ON IT.

ART OF THE GARDEN
3 JUNE – 30 AUGUST
TATE BRITAIN
TATE

图4–16

original art BATTLE pant

low boot CHINO

elwood 5620.74.08
HOT ROD

8233.220.372
TWEED, MAROON HTR P-COAT

tramp SW l/s

N ATAR JKT

图4–17

【课堂作业】 临摹一组用穿插的方法编排的标题文字，并用重叠方法进行标题字编排的改进设计。

文字内容：“It takes a strong stomach to listen to how other people see you.”

提示：

① 临摹前，先根据标题字对文本信息进行分类，找出关键词，再打开临摹作品（见图4-18），看看是否找对了；

② 画出标题字区域内纵向和横向栏线，分析在穿插时词组间大小比例、中心内容的确定；

③ 字体的重叠设计，应注意重叠的部位所占的面积，重叠过多，失去了字体的易读性，为此再精彩的编排都得放弃。

字与字之间的重叠构成，需要多分析、多积累，在实践中找到构成的方法（见图4-19）。

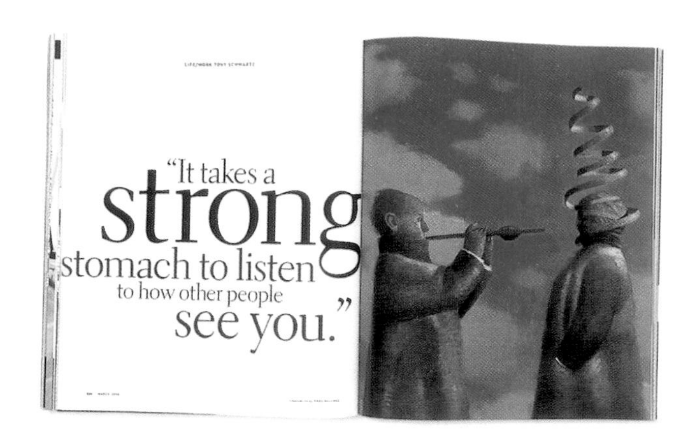

图4-18

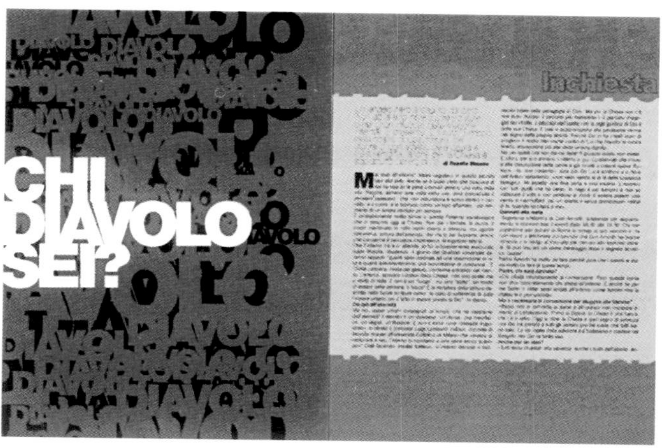

图4-19

图4-20

图4-21

【作业讲评】

问题：

重叠设计时，部分学生将标题字纯粹当做图形进行编排，忽视了标题字传递文字信息的作用。表现为：词组之间过于分散；空间处理过于虚幻；字间距或行间距偏大；在穿插或重叠时，没有考虑大小比例而过于强调形式；对比关系过于强烈，导致标题本身失去阅读的连贯性。这些都是必须注意的设计问题。

改进方法：

① 分类是设计的前提，对于给出的标题字应注意首先进行分类，找出中心词和修饰词；

② 构成时注意变化中“度”的把握，过于强烈的对比会影响标题的可读性。

（4）标题字的色彩选择

当颜色和字体组合在一起时，文字的易读性要靠颜色的对比来保证（见图4-20）。对比最大的是白底黑字，对比最小的是白底黄字。背景与字体在色相、明度、纯度上越接近，文字的易读性就越低；反之，对比越强，越易于识别（见图4-21）。

字体的风格也会影响颜色的表现力。宋体类字体（或文艺复兴字体、巴洛克字体），笔画纤细，提供着色的面积不大，表现力不强；黑体类字体（或现代自由体），笔画较粗，能够很好地体现色彩的感觉。在进行标题字色彩设计时，应将这一因素考虑在内。

【课堂作业】 标题字实战练习。

文字内容：It takes a strong stomach to listen to how other people see you.

New girl in the city.

Men of the year.

（任选一组设计）

提示：

要求在标题字创意设计时，必须把图片与正文这些隐形元素考虑在内，以确定标题这一变量的变化“度”（见图4-22）。

【优秀作业分析】

在图4-23中，作者将正文或图片用抽象形式表现，与标题同时进行构成，能较好地把握相互间的联系。

图4-23（a）为修改前的设计，从构成形式上分析，字与字之间的穿插节奏把握得很好。问题是，标题字文本分

图4-22 学生作业

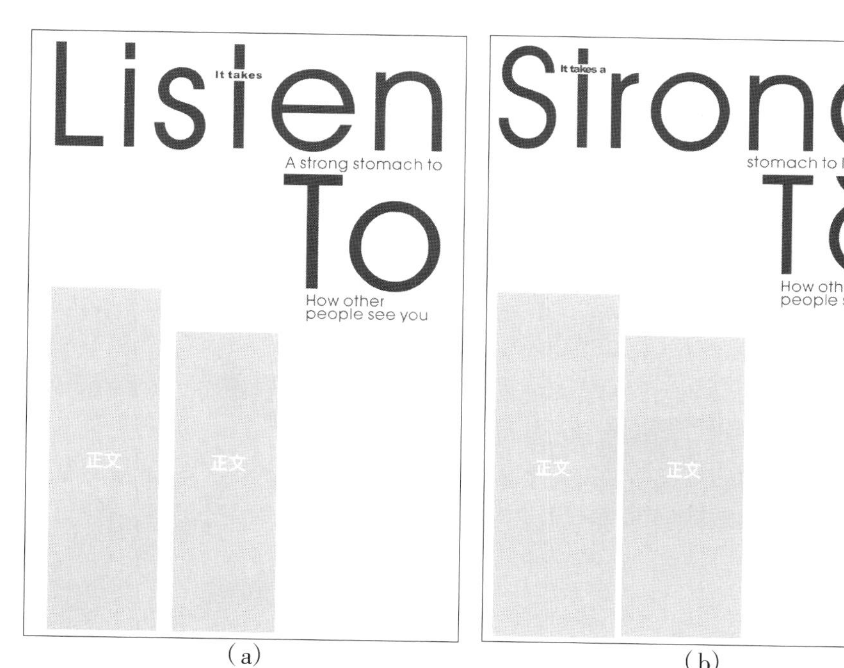

(a)

(b)

(c)

图4-23

类出现错误，作者将“listen”作为中心词，在设计中位置移动过大，打乱了原句词与词相互间的连贯性，增加了阅读的理解难度。

作业修改思路（见图4-23（b））：为保持原作的创意，把“strong”作为中心词，将“strong”中的“g”下方的勾与“to”中的“o”进行联合，并将“g”的勾加长，使小字穿插进去。

在图4-23（c）所示中，中心词的确定还欠考虑，字与字之间在构成形式上基本结构很好，只是原作对齐方式太模糊，修改时，找出小字与大字之间的视觉引导线，使对齐方式明确。

【课后作业】

在速写本上收集各类标题字与副标题字（中文或英文）编排关系20组。

第三节　正文文字编排的基本形式

选择正文字体时，必须把字体的功能放在首位。

换句话说，正文的意图何在？它只是像小说一样让人们能够连续读下去吗？或者它们被小标题分割成若干部分，让读者能够轻松地阅读每一小标题下的内容？或者字块的整体感觉比实际含义更重要？

注意：字体的视觉效果可以影响并强化文字的含义。

1. 左右均齐的编排

文本段落左右齐行、工工整整形成一个面（见图4-24），适合于汉字编排。

在版面设计时，应将正文作为一个灰面同其他编排元素联系在一起考虑，才能达到黑、白、灰的整体效果。

这种格式十分适用于报纸、杂志和其他一些需要充分利用版面的出版物，缺点是为了使每一行左右对齐，有时字母的间距会变得不均匀。

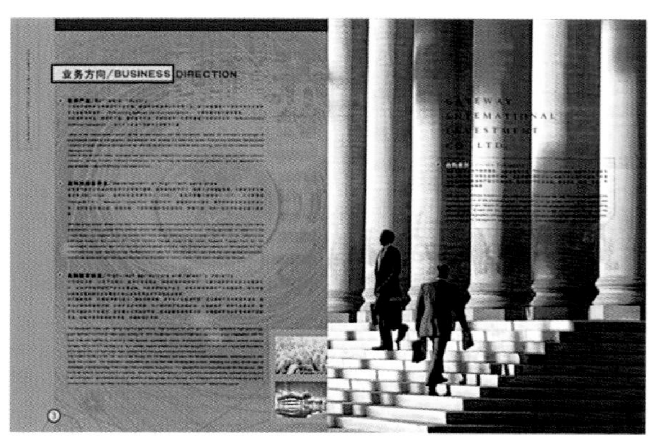

图4-24

2. 齐左(齐右)的编排

左对齐非常符合人们的阅读习惯，容易产生亲切感，受众可以沿着左边垂直轴线很方便地找到每一行的开头；右边可长可短，右边的空白使整个段落显得很自然，给人以优美、愉悦的节奏感。右对齐因每一行起始部分的不规则增加了阅读的时间和难度，所以只适用于少数情况。

由于英文的语言特点，一个单词不能将字母断开，所以适合齐左的编排（见图4-25）。此种编排较之左右均齐的编排更加活泼，富有现代气息。

3. 文字居中对齐编排

以版面的中轴线为准，文字居中排列，左右两端字距可以是相等也可以是长短不一（见图4-26）。这种排列方式能使视线集中，具有优雅、庄重之感。但有时阅读起来不太方便，在正文内容较多的情况下，不宜采用此种编排方式。

注意：文字在居中对齐时，要在适当的地方回行，这不仅便于以文字内容或整个短语的形式来阅读，也使整个文字显得更有趣味。

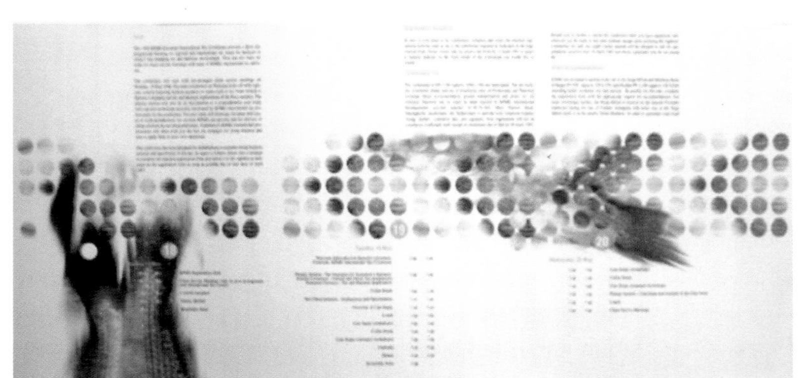

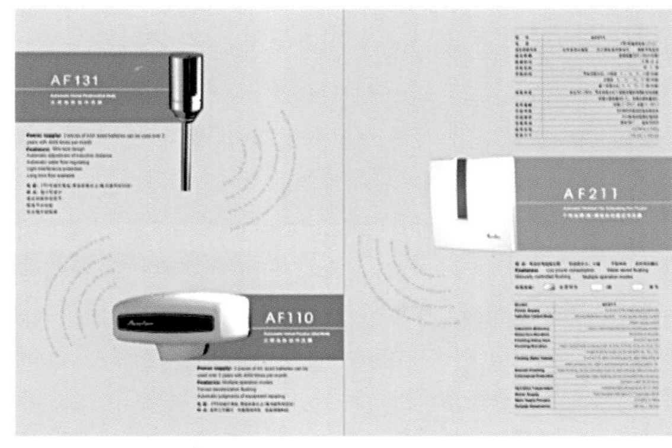

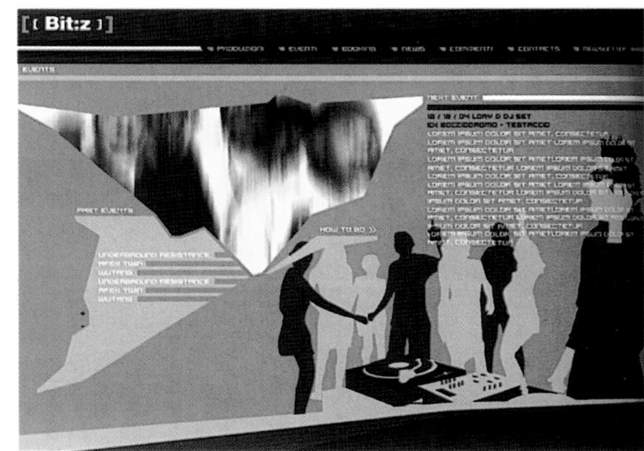

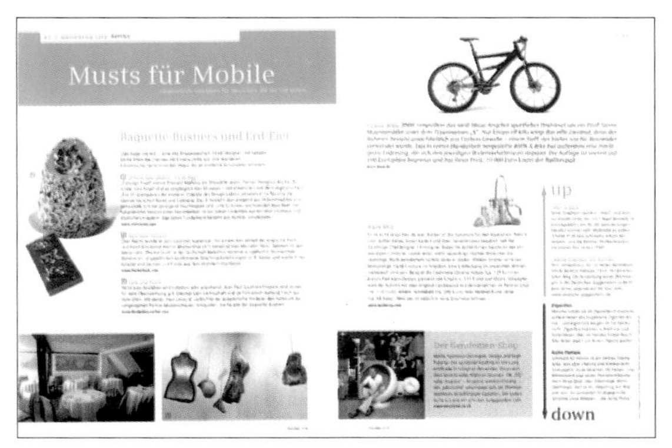

图4-25

4. **文字绕图编排**

文字绕图编排的前提：文本内容适合选择休闲、轻松的话题；图形的轮廓具有优美的曲线和影像。

文字绕图编排时，将图片依所需轮廓形处理成特定形状，以便文字沿着不规则外轮廓互相嵌合在一起，给人以自由、活泼、轻巧的感觉（见图4-27）。设计时要事先算好字数，并按图形需要决定每行的字数和文字排列的起点、终点。

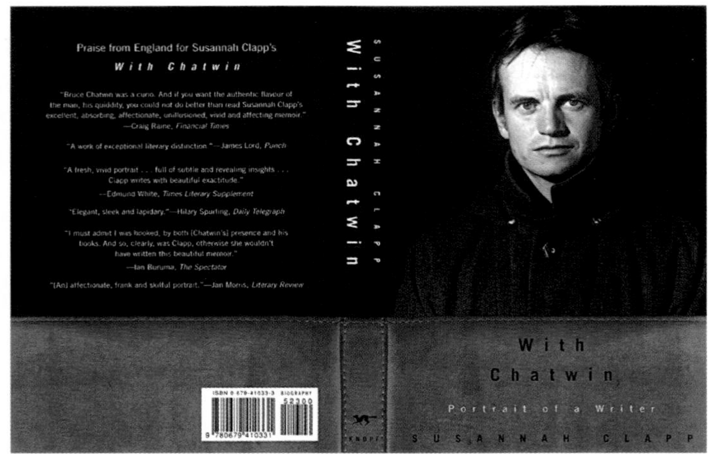

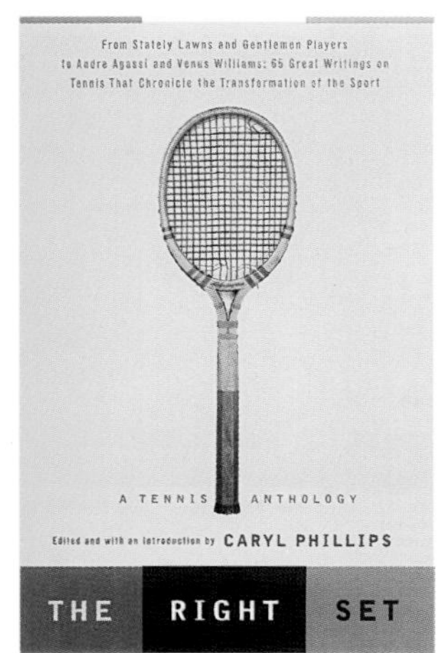

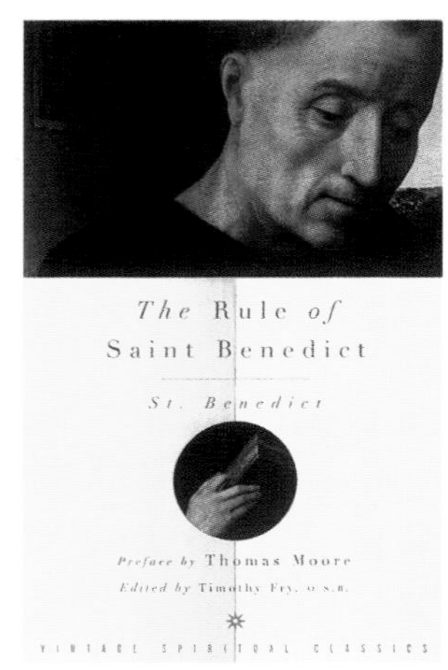

图4-26

图4-27

【课堂作业】标题、副标题、正文文本、图片的编排形式研究（一）。

要求：研究编排元素在页面中的编排关系，分析各自产生的效果。

素材：设计图 9 幅，其中2幅有底色。

目的：培养学生整体把握各编排元素之间的关系，以及寻找不同组合形式的能力（见图4–28）。

【作品分析】版式处理技巧。

如图4–29所示，版式分区是上图下文，图片是一张很有气势的风景摄影作品，版式设计师为了不破坏图片的完整性，通过将这张图片进行局部的错位与穿插，变静态为动态，仿佛云层在移动。

标题紧靠图片，选用无字脚粗体字，使整个标题区构成一个深色的面；色彩选择了图片左下角水中的深蓝色，使色彩从图片流动到标题，将图片与标题这两个独立的编排元素自然地联系在一起，仿佛图片的面积得以延伸。

想一想，如果将标题安排在右下方，标题字应该选择什么色彩呢？

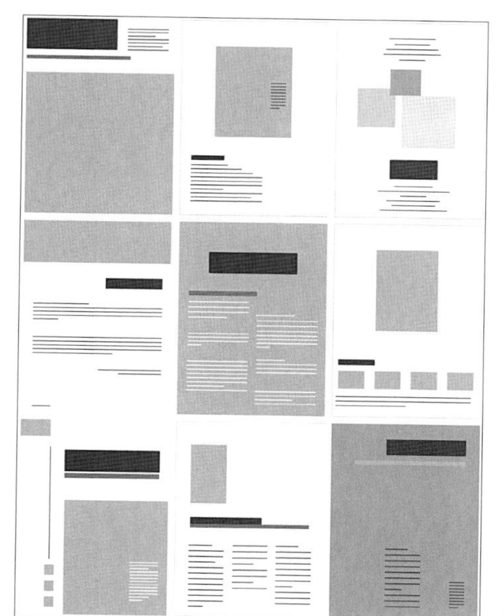

图4–28　学生作业

图4–29

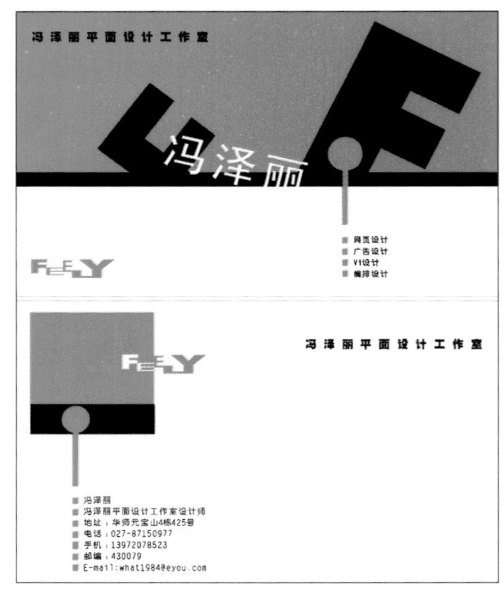
冯泽丽平面设计工作室
冯泽丽
网页设计
广告设计
VI设计
编排设计
冯泽丽平面设计工作室

日升平面设计公司
刘星 设计师
Www.eiosdkfj @ sina.com.cn

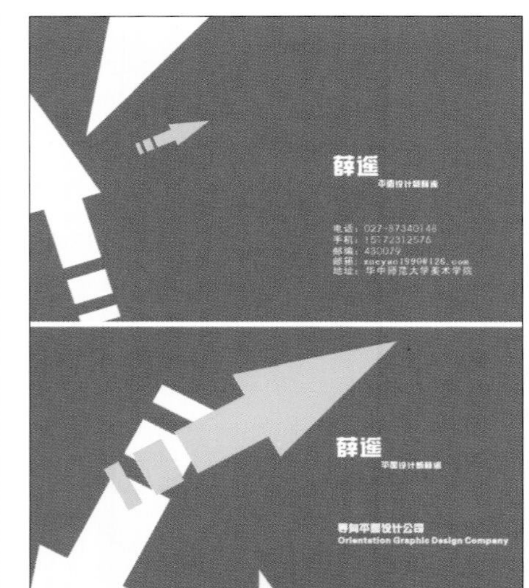
薛遥
薛遥
Orientation Graphic Design Company

戚瑜
QIYU
首席设计师
DESIGNER

江炜
JIANG WEI
TEL:02787448334
P.C:430017
FAX:02787448334
E-mail:www.NSR-jw@163.com
ADD:华中师范大学
分校艺术系
JIANG WEI

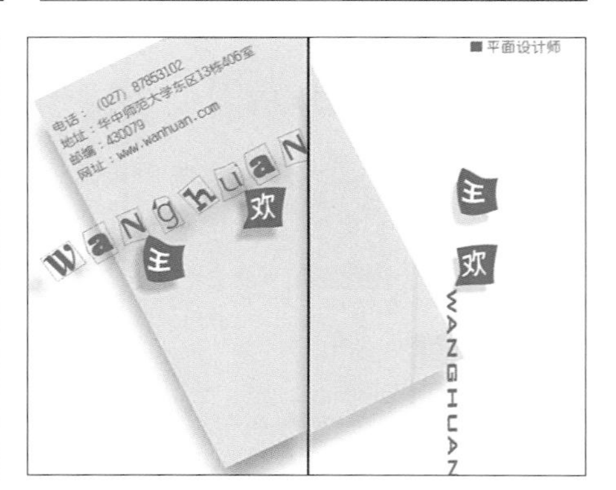
平面设计师
WANGHUAN
王
欢
WANGHUAN

地址：湖北武汉华中师范大学美院
邮编：430079
电话：027-84872226
手机：027-62149881
邮箱：dujuan@yahoo.com
杜鹃 平面设计师
M.E.D: WuHanHuBeiCCNU
Art Department
P.O.S: 430050
T.E.L: 027-84872226
T.E.I: 027-62149881
E-mail: Dujuan@yahoo.com
DU JAUN DESIGNER

江炜
自由设计者
JIANG WEI
TEL:02787448334
P.C:430017
FAX:02787448334
E-mail:www.NSR-jw@163.com
ADD:华中师范大学
分校艺术系
JIANG WEI

Fenggewei
冯格微
微格设计文化传播公司
Fenggewei
冯格微

图4-30 学生作业

【课堂作业】标题、副标题、正文文本、图片的编排形式研究（二）。

实战练习：个人名片设计（见图4-30）。

资讯：姓名、职务、地址、邮编、电话、手机、邮箱。

尺寸：9 cm×5.7 cm。

设计要点：以提供个人资讯为目的。

名片设计原理：

① 名片面积较小，传递资讯较多，处理好主次关系及分区是设计的重点。

② 正、反面设计在形式语言上既要有呼应又要有变化，不要造成相互之间的脱节。同时，正、反面又具有各自相对的独立性，资讯的传递应该清晰。

③ 各分区文字的对齐方式不要变化过多，应主次分明，把握好整体与局部之间的对比关系。

④ 名片中的数字的大小应比其他文字小0.5~1磅，电话、传真、邮箱等词组只需用人们理解的首写字母表示即可。

用于区号的圆括号在名片设计中易增加不必要的混乱，一般不要用它，有许多替代方案，例如：句点(411.505.1256)，空格(411 505 5632)，连接号（411-505-1256），区号方括号形式 ([411]505 5632)，区号斜体字形式(*411* 505 1256)，斜杠(411/505 1256)，粗体对细体(**411** 505 1256)，细体对粗体(411 **505 1256**)等。

提示：

① 注意观察设计得较好的名片，并且说明是什么使它们看上去设计效果较好。

因为字体的造型？字体的大小？对齐方式？创造视觉效果的元素对比？哪些元素属于一类？哪些周围有大的空间？上面有任何图形吗？漂亮名片上的编排版式是什么？你是不是能找到这样一些名片，设计者敢于使用一小片色彩或是大的图形来填充一些空间或大量的空间？你认为这些名片设计效果如何？

② 是什么使得一张专业设计的名片看上去不专业？

字体选择不合适？布局是否缺乏连续性？排版杂乱或太偏？是否缺乏有效的对齐方式？如果你能清楚地找到这些名片缺乏专业水准的原因，就能在以后避免犯同样的错误。

【课后作业】选择《瑞丽》、《世界服装之苑》等杂志进行版式设计分析，写出分析报告并附图示。

要求：

① 对杂志一年来的设计风格进行整体分析，找出网格系统。

② 对三年来的杂志改版进行分析，写出分析报告，附分析图。

③ 对某一期中几篇主打文章的版式风格进行分析，画出网格结构线，分析标题字、正文、图片之间的版式构成关系。

【重点提示】文字编排局部处理技巧（见图4-31）。

① 行首的强调：将正文的第一个字放大。放大的字体可以在正文中起着强调、吸引视线、装饰和活跃版面的显著作用。

强调的方法有两种：下坠式和装饰性。

下坠式：将正文里的第一个字放大并嵌入行首，其下坠幅度应跨越一个完整字行的上下幅度。至于放大量，依据其页面大小、文字的多少和所处的环境而定。

装饰性：将行首字放大作为图形进行装饰以获取版面的装饰效果。

② 引文的强调：在进行正文的编排中，我们常会碰到提纲性的文字，即引文。通常引文概括了一个段落、一个章节或全文大意，因此在编排上应给予特殊的位置和空间来强调。

引文的编排方式：将引文远离或嵌入正文栏的左、右、上方、下方或中心位置等，并且在字体或字号上与正文加以区别。

图4-31

【课后阅读推荐书目】

[1]　余秉楠．字体设计[M]．武汉：湖北美术出版社，2009．
[2]　（英）加文·安布罗斯．字体设计[M].北京：中国青年出版社，2006．
[3]　（美）阿历克斯·伍·怀特．字体设计原理[M]．上海：上海人民美术出版社，2006．
[4]　（美）蒂莫西·萨马拉．设计元素——平面设计样式[M]．南宁：广西美术出版社，2008．

【课程项目】版式设计拼贴

——来自中央美术学院Amy Gendler教授Editorial Design课程体验

指导教师：武汉理工大学艺术与设计学院 熊文飞副教授

对于版式设计理论知识的学习，课程项目是个很有效的途径，指导教师曾在中央美术学院接触到Amy Gendler①教授的Editorial design课程，印象颇深，带入课程项目教学之中，效果明显。

简单而直观的作业形式让学生避开计算机软件应用的限制，通过对杂志样品中标题、正文、图片的剪切、对比、选择来完善作品，让学生在游戏状态中直观地开展设计实践，在潜移默化之中理解版式设计的理论知识。

【项目内容】

选择市面上发行的各种杂志，在杂志上选择标题（title）、正文(text)、图片(image)三种设计元素，将其剪裁为5 cm×5 cm和10 cm×10 cm大小，根据作业要求将这些裁剪下来的元素在21 cm×21 cm的白纸范围内进行拼贴。

【项目安排】

内容＼数量	1 张	2 张	3 张	4 张
标题	5 cm×5 cm（1张）	5 cm×5 cm（1张） 10 cm×10 cm（1张）	5 cm×5 cm（2张） 10 cm×10 cm（1张）	任选尺寸和内容， 拼贴总数为4张
正文	同上	同上	同上	同上
标题和正文	—	同上	同上	同上
图片	—	同上	同上	同上
标题＋图片	—	5 cm×5 cm （1张标题） 10 cm×10 cm （1张图片）	5 cm×5 cm (2张任选内容) 10 cm×10 cm （1张任选内容）	同上
正文＋图片	—	5 cm×5 cm （1张任选内容） 10 cm×10 cm （1张任选内容）	5 cm×5 cm (2张任选内容) 10 cm×10 cm （1张任选内容）	同上
标题＋正文＋图片	—	—	同上	同上

注：

① 表格顶端的“数量”表示在一张21 cm×21 cm的纸张上能使用的拼贴元素总数量。

② 元素拼贴的时候不要重叠、不要倾斜；正文和标题最好选择文字背后没有复杂图形的来剪裁。

【重点提示】

① 版式设计的首要目的是有效地呈现出信息的不同层级关系，而非形式的美观。

② 设计中不要忽略字体、字号、间距的调整。

③ 拼贴练习时要注意元素间的紧张、张力、灰度、方向、运动性、形式、平衡、层次空间、颜色、内容、质地等关系。

重点提示看似简单，但是拼贴实践的过程中很难照顾到各个方面，选择何种样式的方块加入会对最终效果产生很大影响，因为针对同样几个方块，也有很多拼贴结果。不要过分在意哪种结果最好，重要的是在拼贴选择的过程中去体会不同样式的方块所带来的不同视觉效果，通过对比去发现规律和问题。

① Amy Gendler（简善梅）：中央美术学院设计学院第五工作室导师，AIGA中国创始人。

【优秀作业】(见图4-32)

标题

正文

标题和正文

图片

标题+图片

正文+图片

标题+正文+图片

图4-32

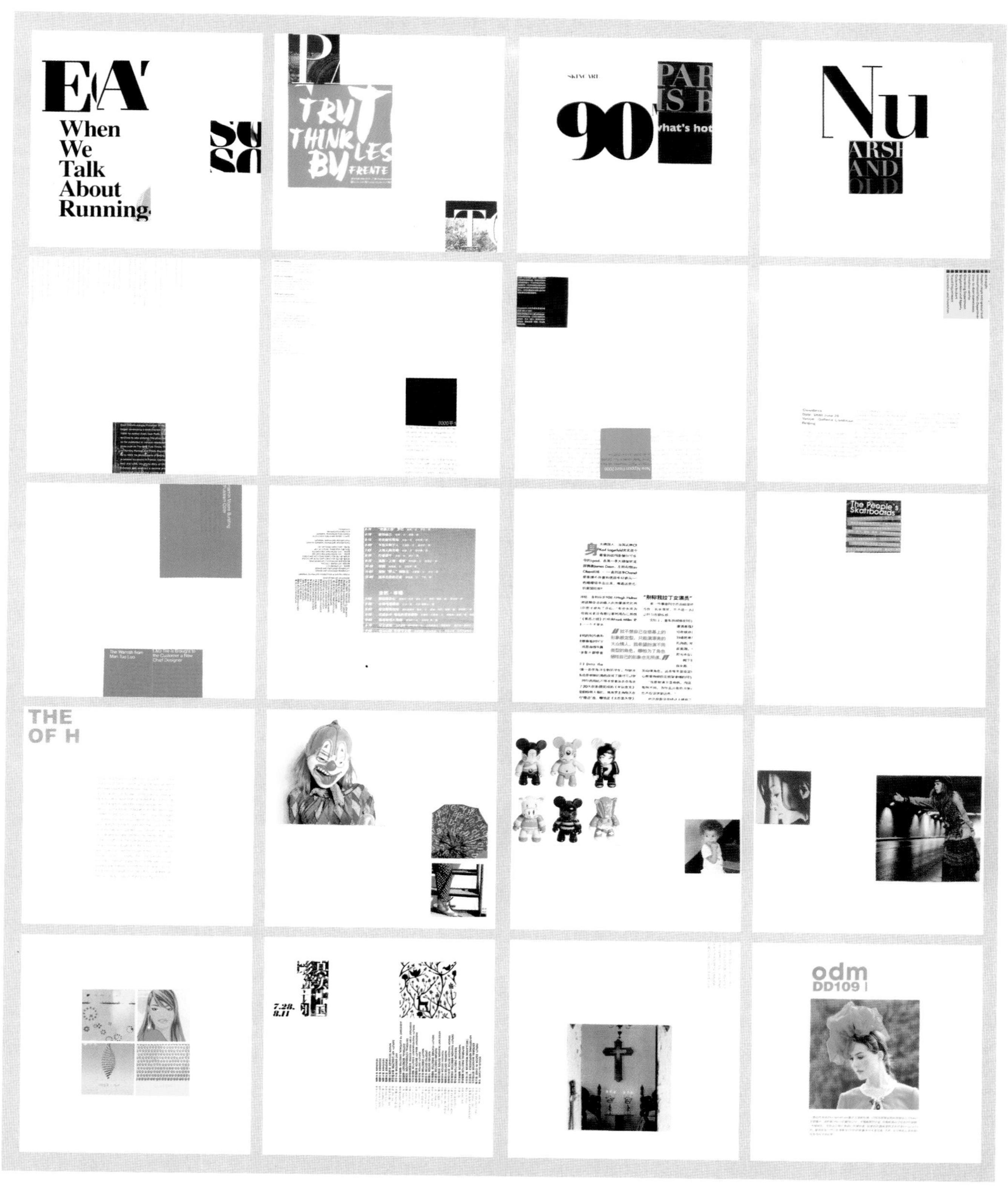
EA
When
We
Talk
About
Running
TRY
THINK LES
BY
FRENTE
90
PAR
IS B
what's hot
Nu
ARSH
AND
The People's
Skatboards
THE
OF H
odm
DD109

续图4-32

【作业讲评】

讲评有较明显失误的作业，也许能帮助大家了解这个课程项目的目的（见图4-33）。

① 图4-33（a）所示，标题文字的字体选择同图片样式和内容不太协调，缺少呼应，而且文字和图片色彩的选择太沉闷，图片本身层次不丰富。

② 图4-33（b）所示，图片样式选择没有注意到层次关系，造成信息主次关系不清晰，同时图片的色彩选择上也有所大意，图片色彩灰暗，画面缺少亮点。

③ 图4-33（c）所示，各元素的内容缺少关联性，另外排版的时候没有注意到边长为21 cm的正方形同边长为5 cm、10 cm的元素构成的4 cm×4 cm的隐形网格结构，忽视元素之间的构成关系，致使画面凌乱。

④ 图4-33（d）所示，不注意元素和元素之间的间距，致使元素间缺乏联系。

⑤ 图4-33（e）所示，剪裁的方块将画面分割为多个独立的空白空间，空白空间的形态不流畅，画面凌乱。

⑥ 图4-33（f）所示，元素集中在一个角落，致使画面重心不稳。版式中由于选择的元素与空白区域没有产生关联，造成作为设计元素之一的空白空间未能参与版式的整体设计。

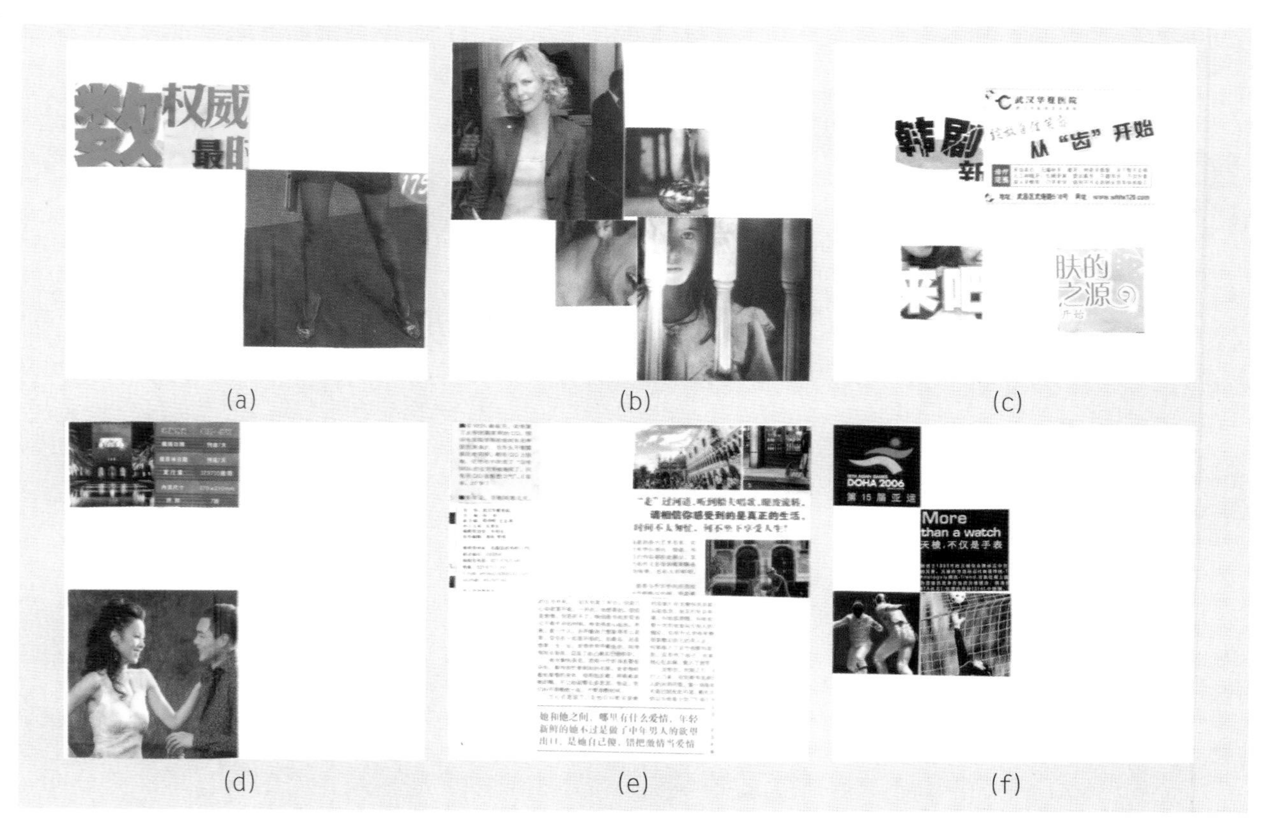

(a) (b) (c)

(d) (e) (f)

图4-33

学生常常会在练习中追问教师如何才能做得更好，明确主题、分开副主题、群化、整理流向、空白是主题的领地、抑制四角、利用版心线等①无疑都是很好的方法。可是对于学生问到哪件作品最好时，教师往往很难给出准确答案，因为每件优秀作品都受着地域、文化、个人风格的影响，每件优秀作品都有其独特之处，只要能够有效地传达信息就是一件合格的版式设计作品。

① （日）视觉设计研究所. 版面设计基础［M］.北京：中国青年出版社，2004.

第五章　图形与文字的编排

图形是穿插于广告、图书、报刊正文中的照片、绘画、书法、插图、漫画、平面表现图等的总称，图形的作用是对文字部分的形象示意或对文字部分做必要的补充。图形设计有很丰富的表现形式，设计者无论采取哪种表现形式，都应该根据文章的内容创造出最佳的视觉形象，并对其进行完美再现和再创作，使其产生全新的视觉效果。

目前，版式设计中的图形越用越大，不少图片占四分之一版面，甚至更大。图形已不再是纯粹的装饰，而是把文本的内容更直观、更形象、更生动、更具体地表现出来，以增加读者的兴趣，加深读者的视觉印象。

图片前期编辑工作十分重要。图片前期编辑主要指将摄影师拍摄的照片根据主题需要进行剪裁和特效处理。一般情况下，很少有照片能够按照原样直接被采用，因为照片中大量的细节会分散读者对主题的注意力，因此，需要对照片进行剪切。

剪切会使照片与原件有很大的不同，剪切的最佳切入点是主题，通过将与主题无关的部分剔除，并将主题部分尽可能放大，使图片更生动、更具说服力。

① 剪切赋予每一张照片不同的“故事”。

② 焦距是照片中要考虑的一个重要因素。

③ 照片尺寸大小的对比通常能将目光吸引到照片上。

④ 蒙太奇式的照片能够使设计生动有趣并富有想象力。

第一节　图形与文字的对比关系

好的版式设计，会很明确地处理图片、文字与背景之间的对比关系，加强平面版式的空间张力，创造出构图的重点和趣味。

1. 大与小的对比

大与小是相对而言的，就造型艺术而言，运用大小对比会产生奇妙的视觉效果。

在版式设计中，图片与文字之间，在“面”的关系上可以进行大小之间的对比。大小弱对比，给人温和沉稳之感；大小强对比，给人的感觉是鲜明、强烈、有力（见图5-1）。

图5-1

2. 明暗的对比

黑与白、虚与实、正与反，都可形成明暗对比（见图5-2）。

在版式设计中，图片与文字之间形成的明度对比，增加了主题的吸引力，使画面更具纵深感。同时还可进行明暗相互穿插、反复对比，这将产生出奇妙的光与影的视觉效果。

3. 曲与直的对比

版式设计中，图片与文字之间在外形上进行曲与直、圆与方的对比，会让读者产生强烈的情感和深刻的印象。在许多圆中放一个方形，方会显得尤为突出；曲线的周围是直线，则曲线轮廓给人印象强烈，在设计中，要善于将编排元素抽象成点、线、面，巧妙运用曲与直的对比，会收到事半功倍的效果（见图5-3）。

4. 动与静的对比

版式设计中，常把富有扩散感或具有流动形态的形状及散点的图形或文字的编排称为“动”，而把水平或垂直性强的、具有稳定外轮廓形的图片或文字称为“静”。设计中，要有意识地使静态平面具有动感（见图5-4）。

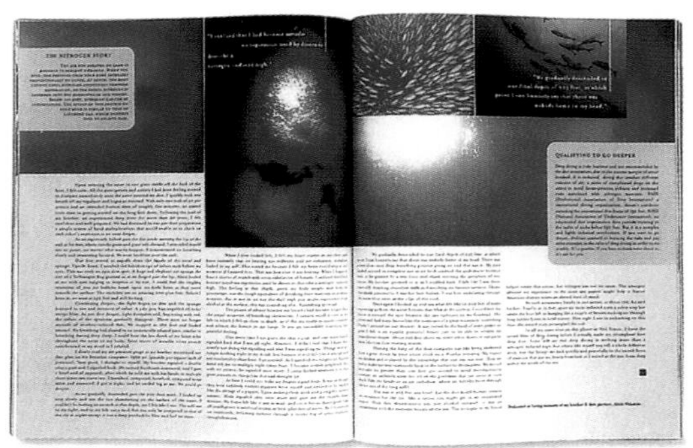

图5-2

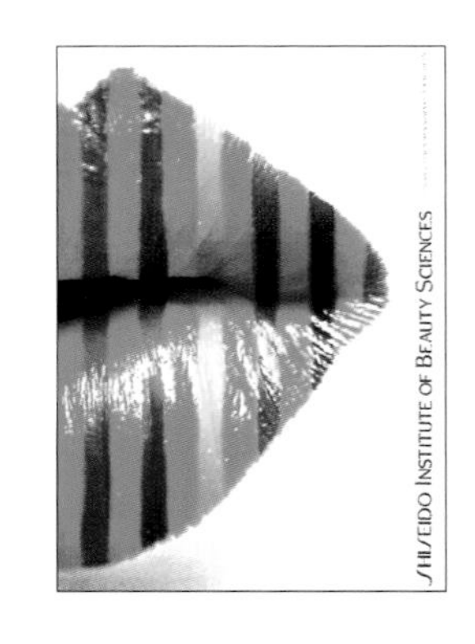

图5-3

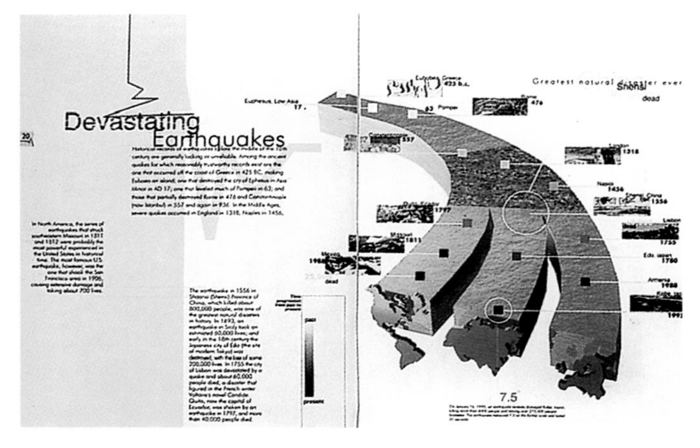

图5-4

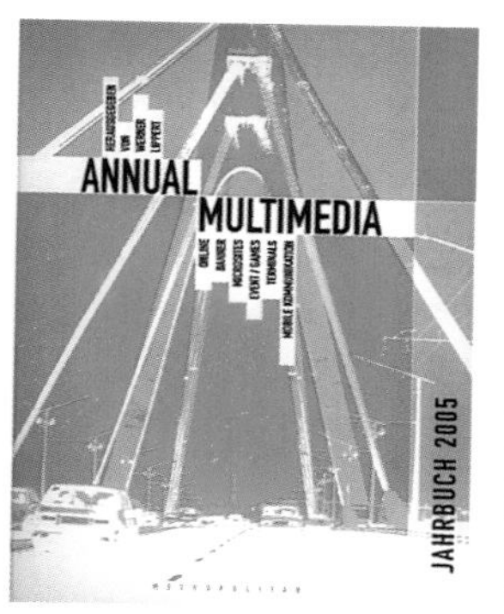

图5-5

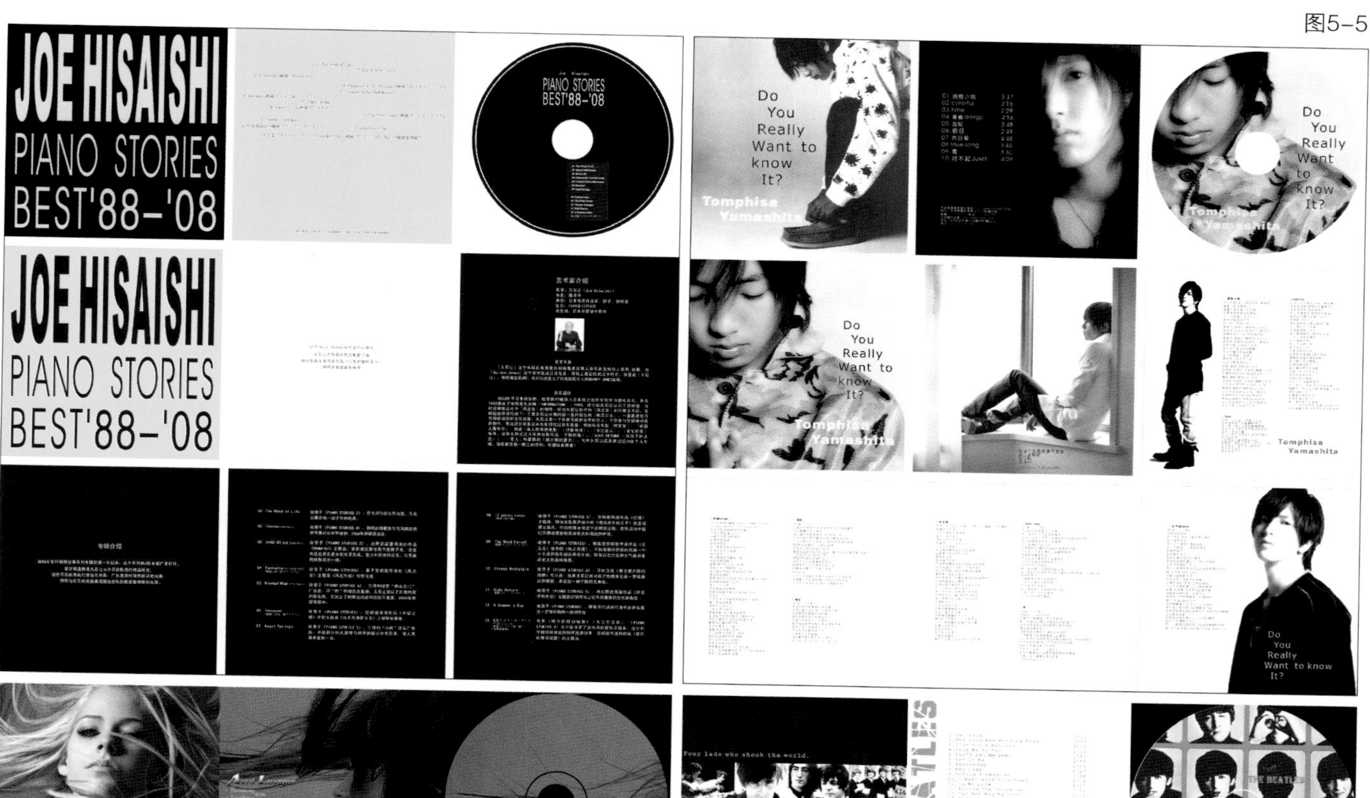

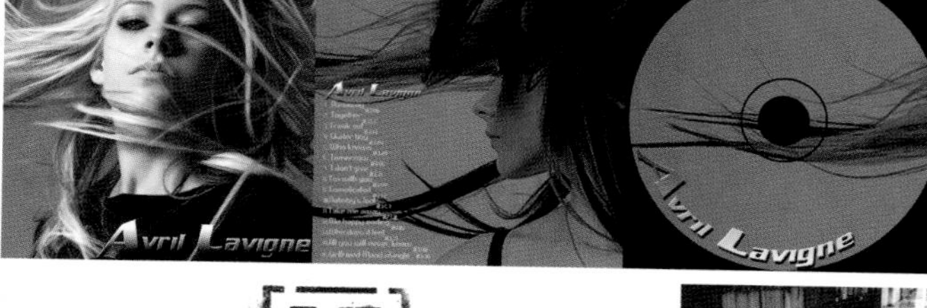

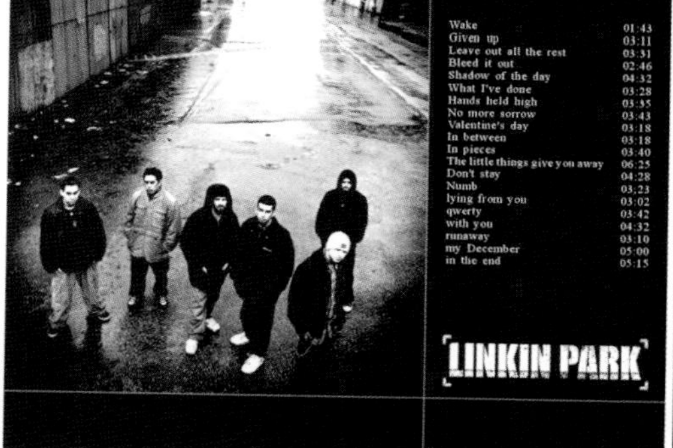

图5-6　学生作业　作者:冯格微（上左）、郭延（上右）、张璐（中左）、周良（中右）、谢萌新（下）

5. 疏与密的对比

版式设计中，疏密对比是指编排元素“形”的密度分布方式。形可能在某一区域中密分布或在其他区域少量散落，这种分布通常是不平均和非正式的。疏密对比可以通过以下两种方式创造出来（见图5-5）。

① 空白：设计中空白可以引起单元形的不规则分布，并在局部集中。

② 位置变化：设计中单元形围绕一个中心点集中，或围绕一条线集中，产生疏与密渐变的对比效果。

【课堂作业】以图形为主的编排创意设计。

实战设计：CD碟封套、光盘及宣传册版式设计（见图5-6）。

要求：自选一歌手或乐队，从网上下载相关图片及曲目30首(包括歌名、时间、歌词)。

第二节　图形与文字编排的基本形式

版式设计中，图形与文字之间的布局主要有以下几种形式。

1. 上下分割

平面设计中较为常见的形式，是将版面分成上下两个部分，其中一部分配置图片，另一部分配置文字（见图5-7）。

2. 左右分割

左右布局，易产生崇高肃穆之感。由于视觉上的原因，图片宜配置在左侧，右侧配置小图片或文字，如果两侧明暗上对比强烈，效果会更加明显(见图5-8)。

图5-7

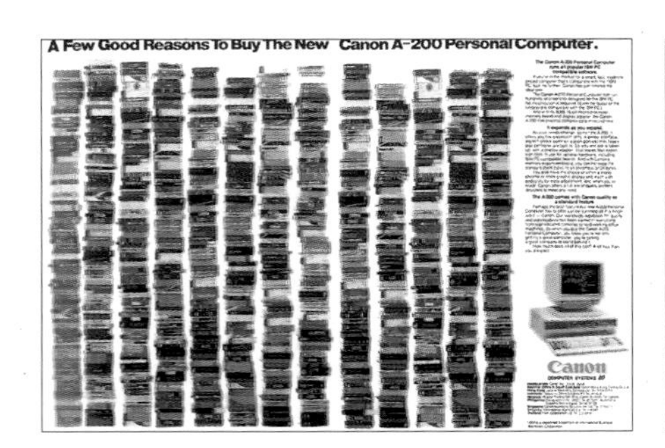

图5-8

3. 线性编排

线性编排的特征是多个编排元素在空间被安排为一个线状的序列。线不一定是直的，可以扭转或弯曲，元素通过距离和大小的重复互相联系，运用这种方式构成的版式，会将人的视线引导至中心点，这种构图具有极强的动感（见图5-9）。

4. 重复编排

把有着内在联系的图片与文字进行形式上的重复构成，使较为繁杂的信息变得简单明了。同一内容的重复还有强调的作用，使主题更加突出。

重复编排有以下几种形式（见图5-10）。

① 大小的重复：外形不变，大小比例发生变化，构成重复。

② 方向的重复：外形不变，在一个平面上形的方向发生变化，构成重复。

③ 网格单元的重复：网格单元相等，位于单元内的形由不同的编排元素组成，构成重复。

5. 以中心为重点的编排

中心编排是稳定、集中、平衡的编排，用于营造空间中的场。作为中心的主要形状通常会成为一个吸引人的形状，人的视线往往会集中在中心部位，需重点突出的图片或标题字配置在中心，起到强调的作用（见图5-11）。

6. 对称与均衡的编排

对称与均衡的编排是编排元素之间在版式中以对称或均衡的形式表现（见图5-12）。

只有在刻意强调庄重、严肃的时候，对称的编排才会显出高格调、风格化的意向。

图5-9

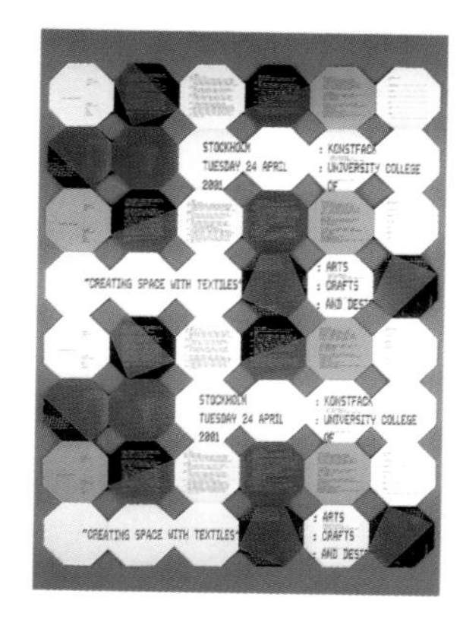

图5-10

7. 重叠编排

重叠编排是各编排元素间上下重叠、覆盖的一种编排形式。元素之间由于重叠易影响识别性，因此，需要在色彩、虚实、明暗、位置之间进行调整，以便相得益彰而又层次丰富（见图5-13）。

8. 蒙德里安式编排

蒙德里安式布局得名于著名抽象派画家蒙德里安的冷抽象构图风格，这种布局运用一系列水平线、垂直线、长方形和正方形构成骨格单元，将编排元素放置在骨格单元中构成（见图5-14）。

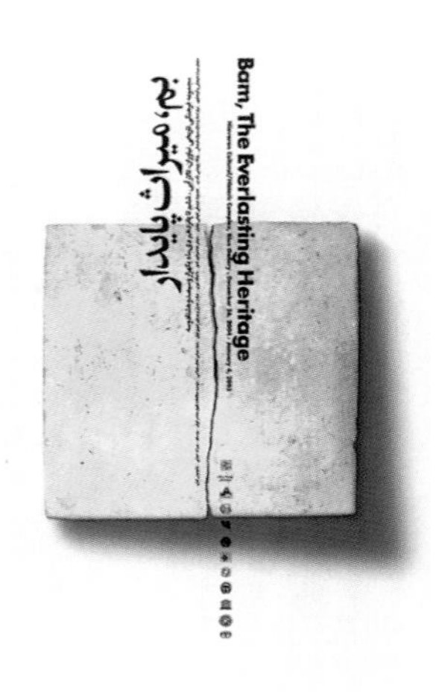

图5-11

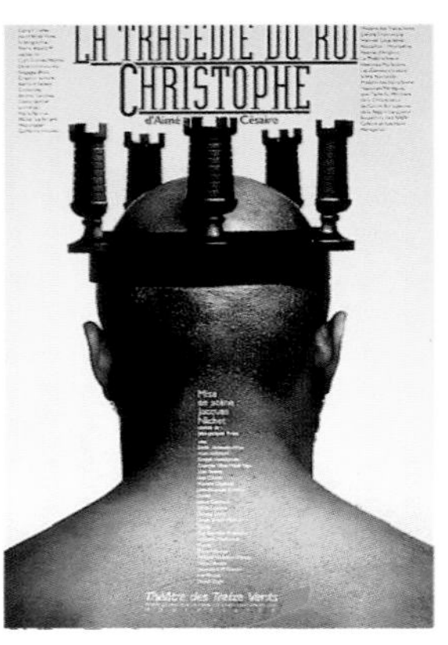

图5-12

图5-13

9. 边框式编排

这种版式编排常用于信息量大的设计。编排方式有两种，其一为文案居中，四周围以图形；其二为图形居中，四周围以文案（见图5-15）。

10. 散点式编排

版式采用多种图形、字体，使画面富于活力、充满情趣。散点组合编排时，应注意图片大小、主次的配置，还应考虑疏密、均衡、视觉引导线等，尽量做到散而不乱（见图5-16）。

【课堂作业】以图形为主的编排创意设计。

实战练习：广告设计《靳埭强与格吕特纳海报对话》。

构成元素：设计师作品40幅（自选）、广告语和展览信息（展览时间、展览地点、主办单位）。

目的：熟练运用版式设计原理进行实战练习，掌握图形与文字之间的编排形式（见图5-17）。

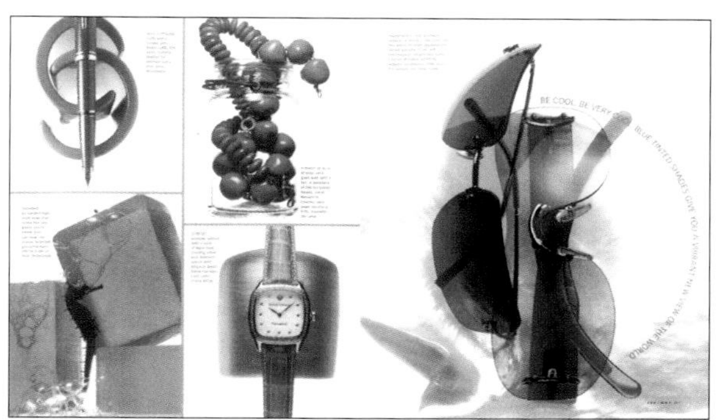

图5-14

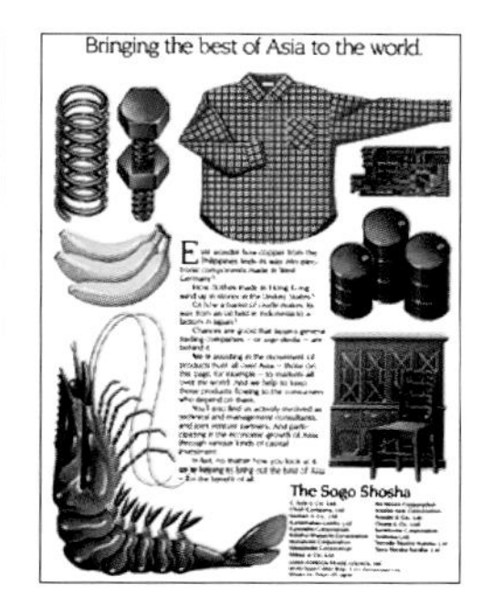

图5-15

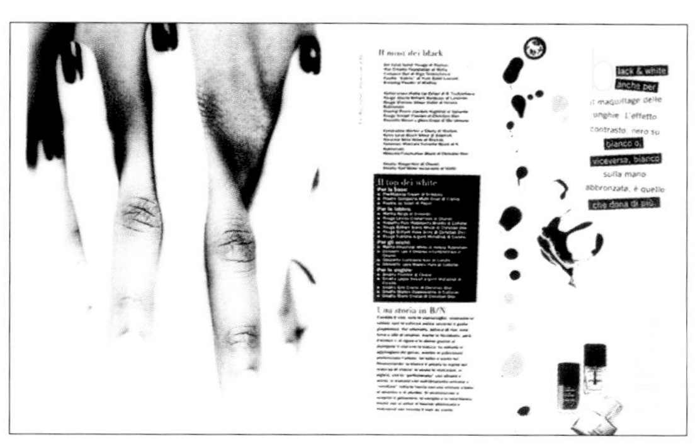

图5-16

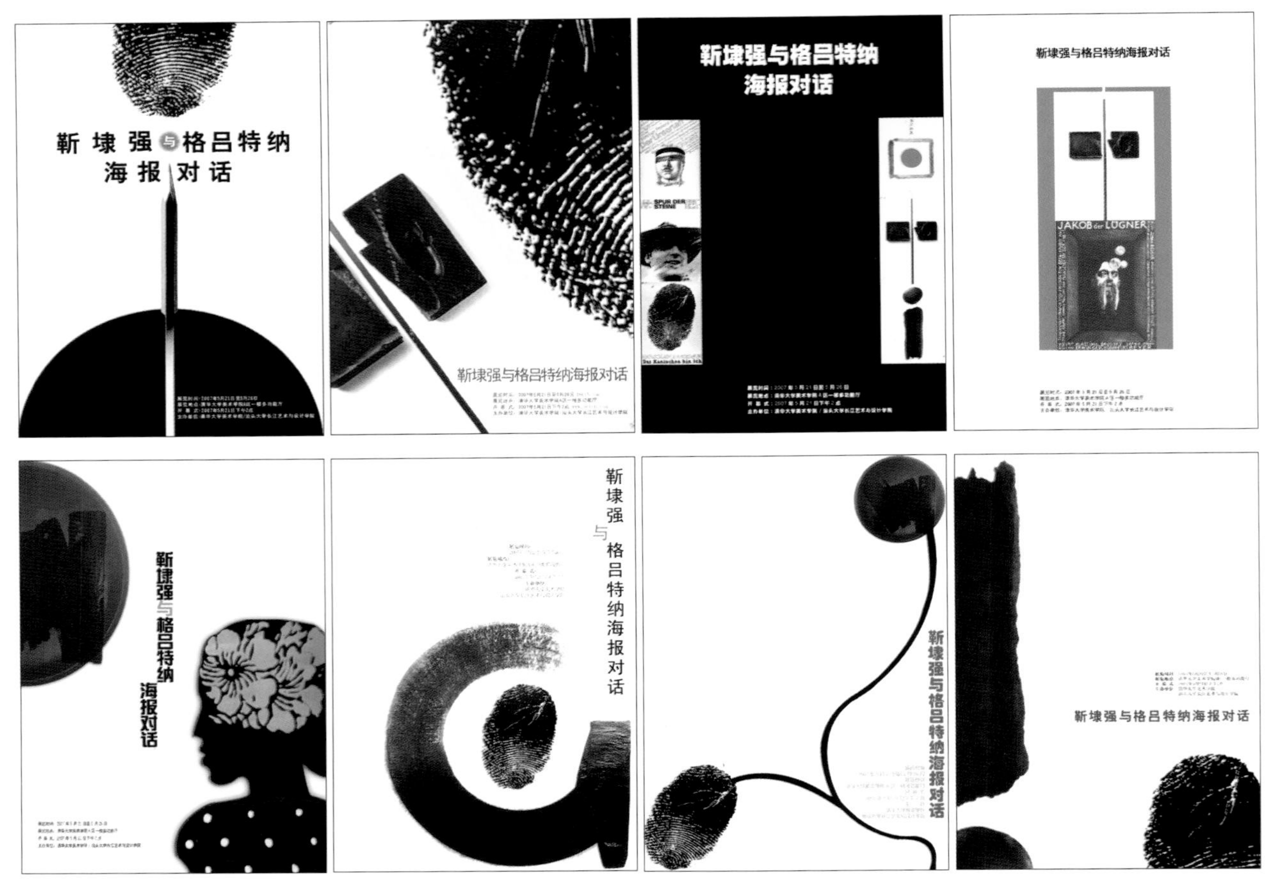

图5-17　学生作业　作者：（上排从左到右）褚慧、娄荣、鲁新、吴碧军
（下排从左到右）吕华超、欧阳宁峰、张璐、朱翔

【课后作业】临摹20个封面设计，包括文学、哲学、艺术、科技、辞书、儿童读物等几个方面。

【重点提示】

版式设计中的色彩运用原理（见图5-18）。

① 版式设计从草图开始就应该策划如何运用色彩，而不是到最后再加上。

② 借助色彩可以把版式中各个信息级别的分区连接起来。

③ 色彩应用要和谐统一，独特的色彩组合能达到与众不同的效果。

④ 版式设计中，颜色不宜太多，否则将增加受众在一大堆色彩中解读、辨认信息的难度。

第三节　展开页的整体设计

将信息通过连续的页面进行设计，称为展开页设计。展开页设计常用于杂志设计、宣传手册设计、网页设计、报纸设计、大型展览展板设计、系列广告设计等（见图5-19）。

1. 展开页的整体设计建立在编排元素的协调上

当视线扫过版面时，首先注意到的是展开页的整体效果，然后才会从左至右进行阅读。在设计中，如果只注意单页局部的布局而忽略整体，或将左、右页分割开来编排，都会造成散乱与不统一的视觉感受，因此，整体设计非常重要。

编排元素在展开页中常以大小、多少、动静、黑白、曲直、局部与整体等形式构成，版式的整体关系是建立在对比与和谐的统一之中的。

THE FACE
HERO
The Nazis used it to
fuel their TROOPS
You can make it at
home using battery
acid + DRAIN CLEANER
In Arizona it
inspired a MAN TO
DECAPITATE his son.
And now
the 'mad drug'
HEROES FOR THE PLANET
head On
tripping
ripped
pissed
loaded
head
on
buzzle
FIRES IN THE MIRROR
INTIMAN

图5-18

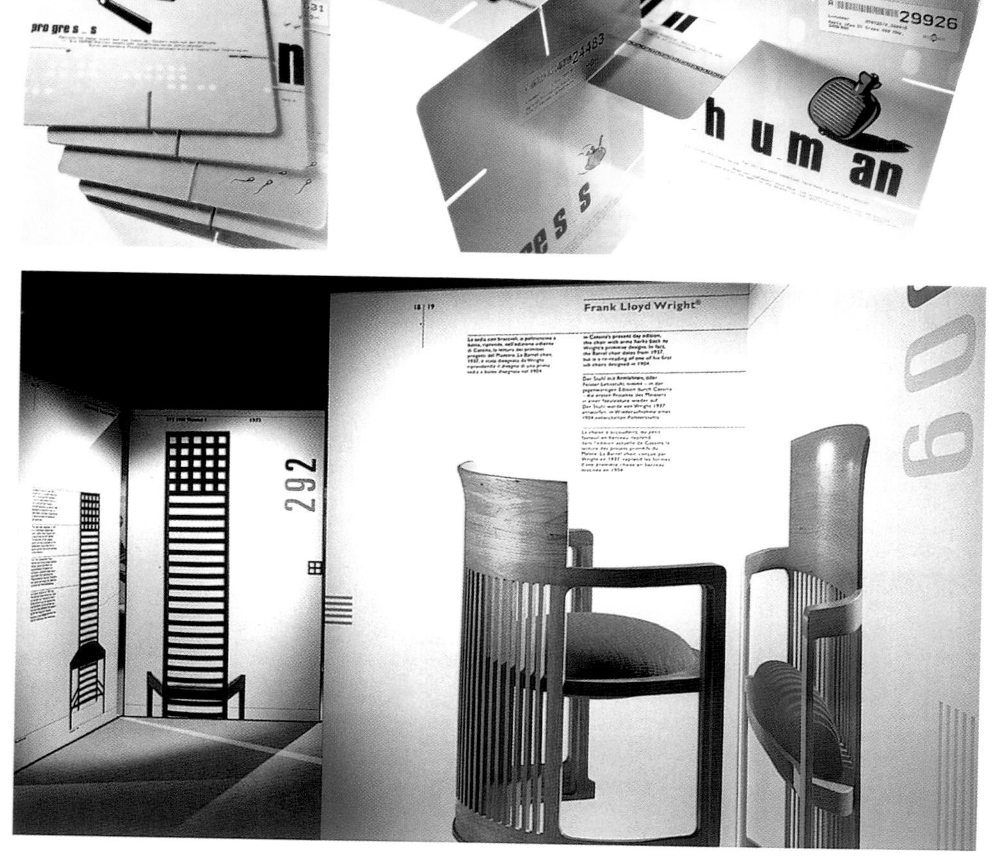
27111
pro gre s _s
29926
h u m an
Frank Lloyd Wright
292

图5-19

2. 展开页的整体设计建立在同一视觉元素的识别上

根据调和理论，对比的双方要达到调和，须在双方中加入同一因素，这种调和又称为同一调和。

在版式设计中，要使展开页之间构成对比和谐的统一体，须在设计中有意识地增加同一因素，包括同一色彩、同一网格结构、同一整体分区、同一标题字、同一正文布局、同一局部特技、同一图片处理手法、同一空白空间、同一页眉或页脚的设计等（见图5-20），这些同一因素将使对比的各编排元素之间有机地联系在一起。

想想看，下面这一组系列设计中，同一因素是什么（见图5-21）。

【课堂作业】 靳尚谊捐赠作品展。

素材：

① 文字　范迪安《人的主题：靳尚谊先生的艺术特质（代前言）》。

② 靳尚谊捐赠作品图片23张。

③ 展览信息（展览时间、展览场地、主办单位）。

要求：

① 文字内容不得自行删减。

② 图片不得少于10张。

③ 四折展开页设计（见图5-22）。

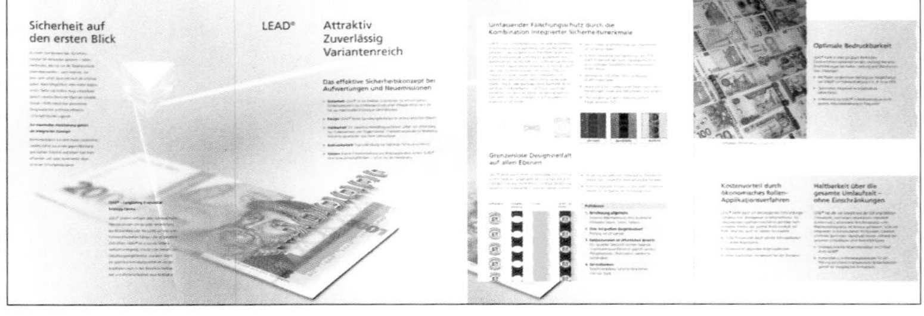

图5-20

图5-21

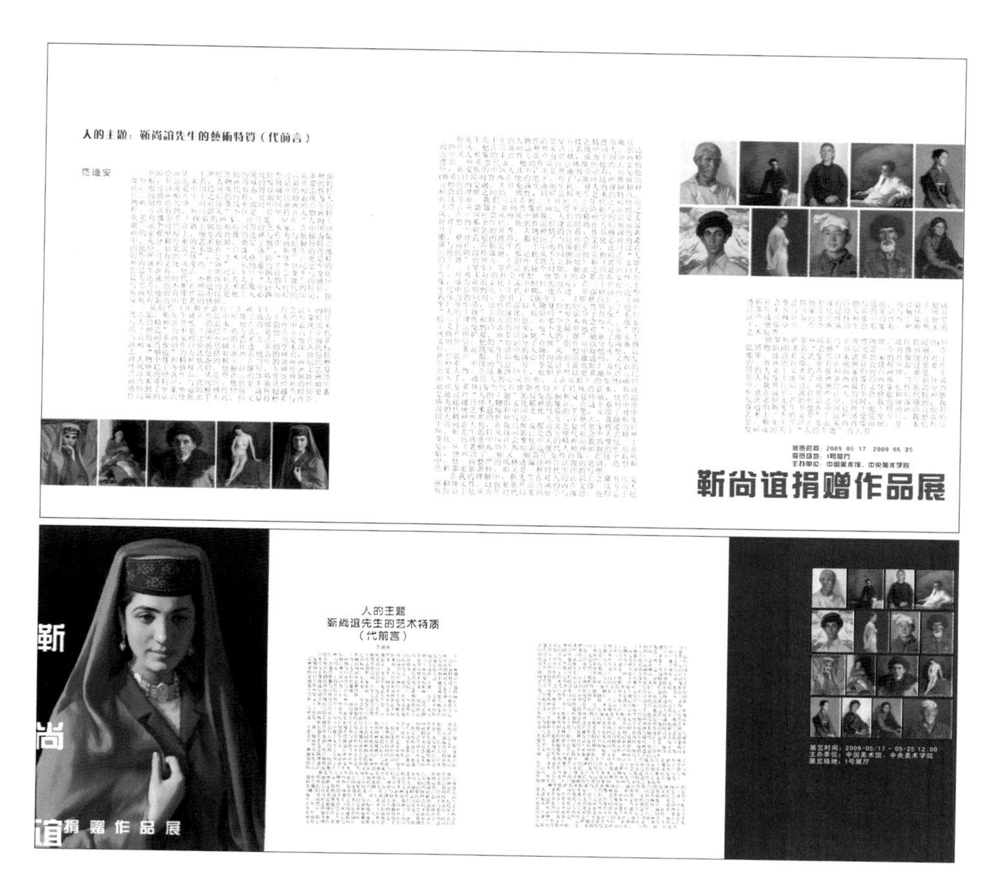

图5-22　学生作业　作者（从上到下）：任姝亭、冯格微

3. 产品广告设计

任何设计项目都有许多外部因素来限制其设计范围。

作为版式设计师，设计前必须明白怎样投放设计作品。

确定设计作品应用类别：精美杂志广告，报纸广告，宣传手册，POP广告等。

广告若投放于精美杂志上，字体、照片、插图等都有更大的选择范围，因为它们在平滑的纸上印刷，有较高的清晰度，可以使用高质量字体、高清晰图形和精细的色调。

广告若投放在报纸上，报纸是在强吸水纸上进行印刷的，因此决定了设计作品应选择线条不太细的字体和在廉价纸张上不会降低效果的图片，而且要避免使用灰色的小字体，因为特殊印刷会使它们很难辨认。

开始设计项目时，客户通常会提供一些关于设计的具体信息。这些信息将限制方案选择，同时也将影响设计作品给人的感觉。

比如，客户可能会要求使用现有的标志、公司的彩页、产品的特定形象及与之相对的表达心情、博取情感关注的概念等。

设计技巧：

① 在设计前，将客户所要求的内容全部列出来，使所要传达的信息一目了然。

② 改变排列方式，尝试不同字体，运用不同色彩，最终找到可行的方案（见图5-23）。

4. 样品宣传页设计

① 确定展开页的展开形式：上中下、左中右；确定展开页的比例关系，以及开合的空间关系。

② 文本编辑：根据主题进行文本的撰写，力图精练、准确地传递出相关信息。

③ 创意方案：创意方案是设计的生命，一个好的方案决定设计的成败，因此在进行创意前，要全面了解主题所要传达的整体内容，以此确定在构图时，是以图形为主编排还是以文字为主编排，需要表现哪几点内容，以及在各页中的分布、色调、标题字的选择等。力求把握展开页之间大的构图及色调关系，切忌单页考虑。

图5-23

提示：

如何获得创意的灵感？时常提醒自己设计的主要目的是为了吸引受众的注意力。获得灵感的最好方式就是收集大量其他设计者的获奖作品。当你不清楚如何设计自己的作品时，可以浏览它们。当看到一个吸引你的例子时，想一想是什么使你注意它，以及如何利用这种或类似的技巧来提高自己的作品（见图5-24）。

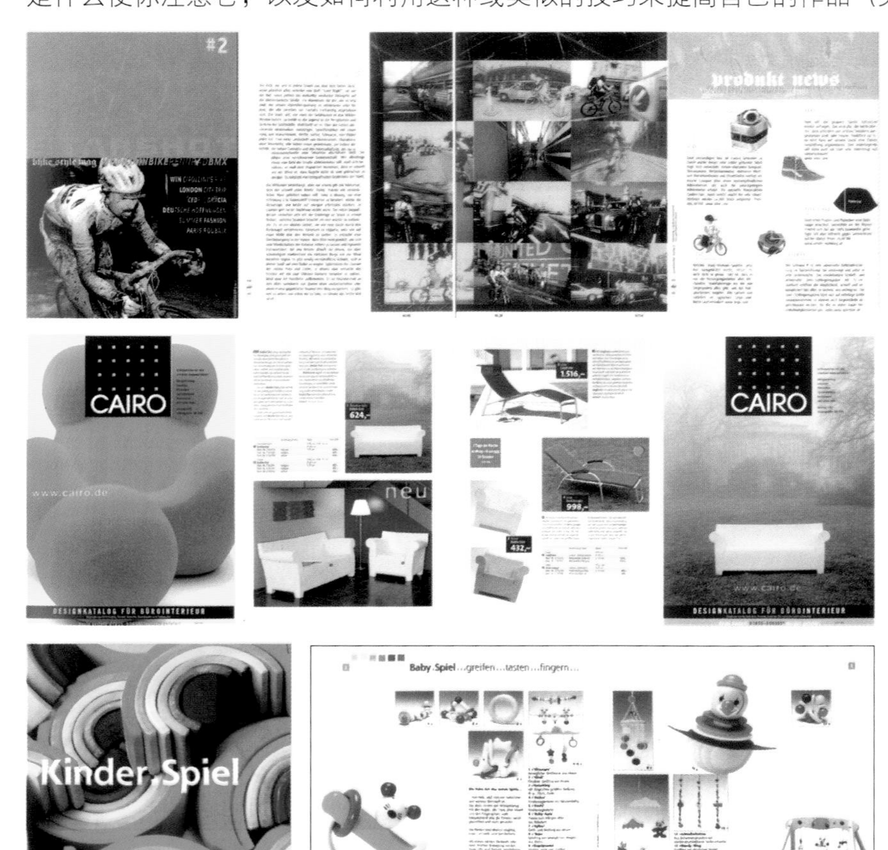

图5-24

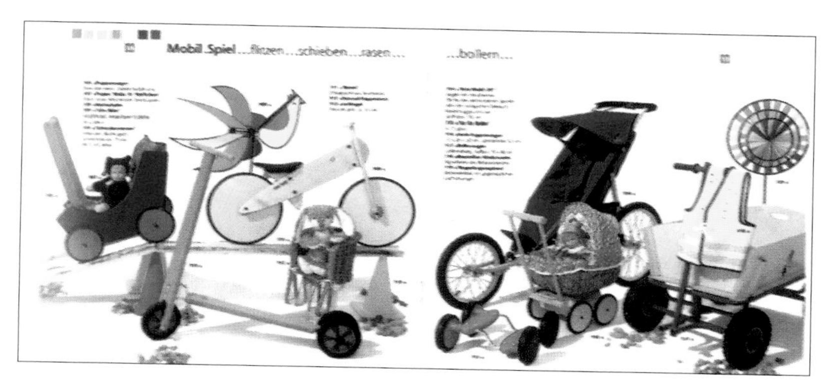

续图5-24

【课堂作业】“扶桑之旅——日本文物精品展”简介（见图5-25）。

日本是中国“一衣带水”的邻邦，两国间的文化交流有着悠久的历史，最早可追溯到西汉时代。到了中国的唐代，日本奈良朝廷仿唐朝的模式建立了中央集权制国家，并派出多批遣唐使与学问僧赴唐交流或留学，中国的许多僧侣也先后东渡，两国的交往达到空前的程度，唐代文明对日本文化产生了强烈的影响。日本民族是一个善于学习的民族，同时又是一个善于创新的民族，创造出了具有本民族特色的文化。这次展览突出表现了日本文化的内涵，展示了日本各个时代具有代表性的文物精品，再现了日本古代社会中不同阶层的生活习俗与宗教信仰，使观众得以穿越时间隧道，尽情地感受古代扶桑之国丰富多彩的文化面貌及其特有的风土人情。

（资料来源：http://114.255.205.162/gb/exhibition/index.jsp中国国家博物馆）

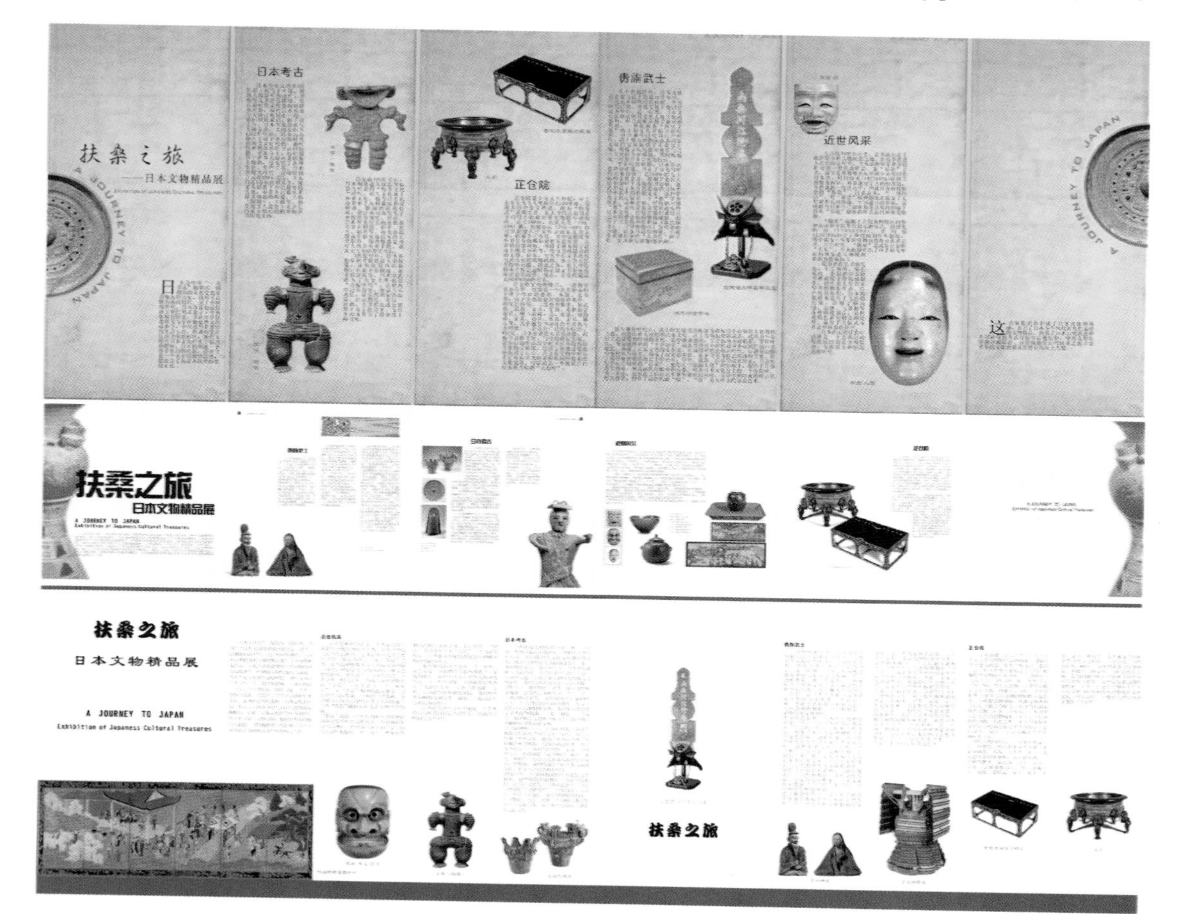

图5-25　学生作业　作者（从上到下）：鲁菲菲、付淑兰、蒿兴坤、常歆可、黄钰涵、袁文晓、钟飞

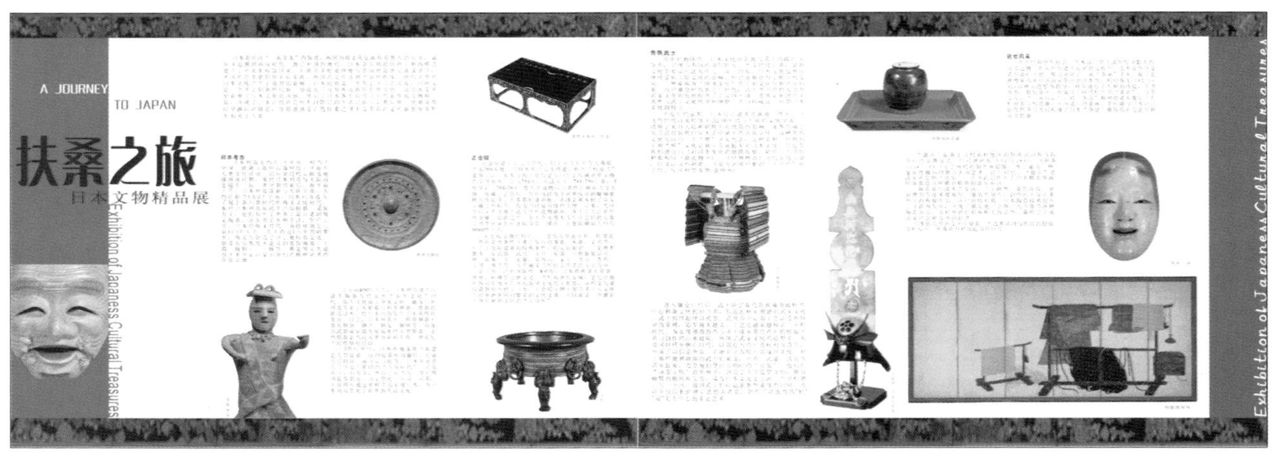
A JOURNEY
TO JAPAN
扶桑之旅
日本文物精品展
Exhibition of Japanese Cultural Treasures
Exhibition of Japanese Cultural Treasures

扶桑之旅
近世风采
日本考古
贵族武士
正仓院

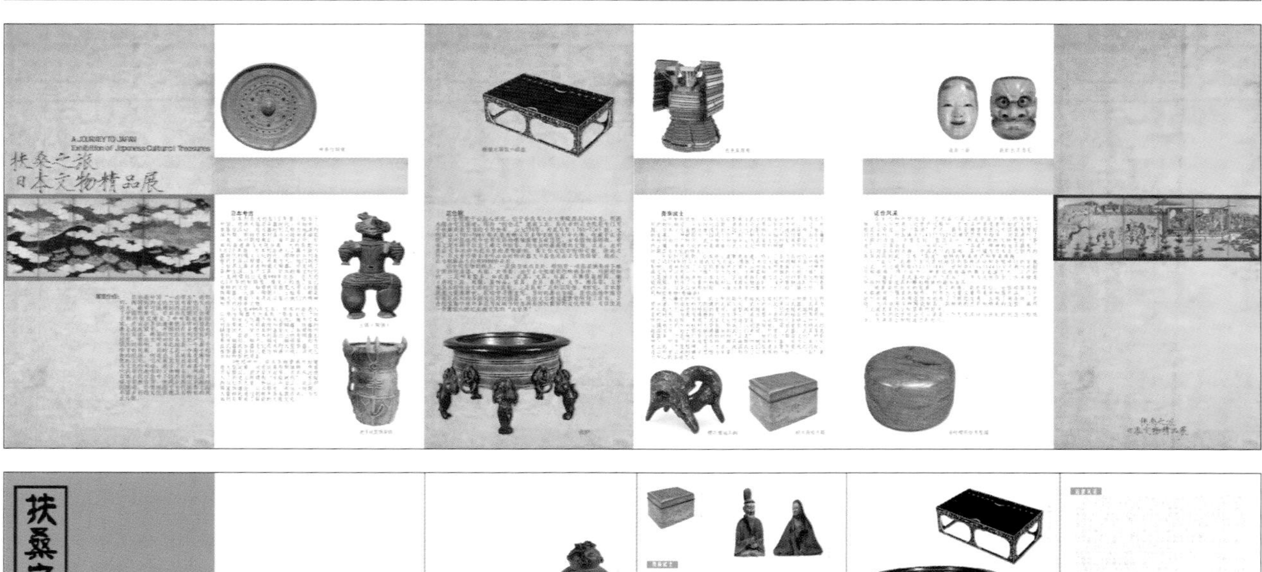
A JOURNEY TO JAPAN
Exhibition of Japanese Cultural Treasures
扶桑之旅
日本文物精品展

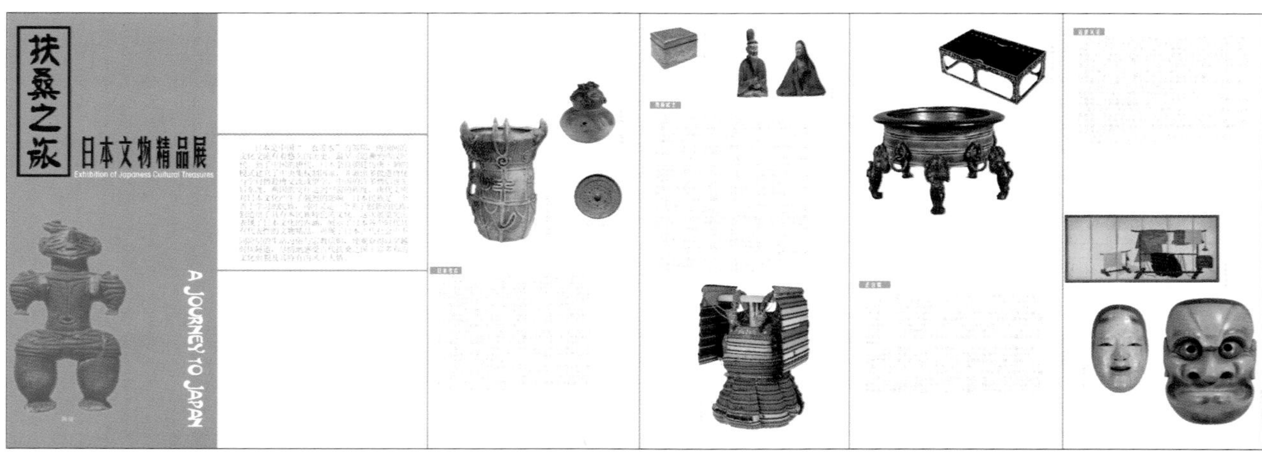
扶桑之旅
日本文物精品展
Exhibition of Japanese Cultural Treasures
A JOURNEY TO JAPAN

续图5-25

【课堂作业】 “简约·华美——明清家具精品”简介（见图5-26）。

明代家具

明代商品经济的繁荣和海禁开放政策的实行，大量的异国珍贵硬木的引进，为明代家具的制作与创新提供了保证；而官僚贵族对家具的大量需求和文人墨客的热衷参与，也促使明代家具发展达到前所未有的高峰。明代家具以黄花梨木为多，造型简练，比例适度，以线条取胜；较少或没有雕饰，以充分显示木材的纹理特征，空灵典雅。这种风格的家具被后世誉为“明式家具”。

清代家具

在康熙晚期以前，清代家具承袭了明代家具的韵味。康熙晚期以后至雍正、乾隆时期，随着经济的繁荣和外来文化的影响，清代家具一改明代家具的风格，多以紫檀为主要材质；造型浑厚凝重，体型宽大；装饰富丽繁缛，常采取多种材料并用、多种工艺结合的手法，雕、嵌、描金兼取，螺钿、木石并用。这种风格的家具被后世誉为“清式家具”。

（资料来源：http://114.255.205.162/gb/exhibition/index.jsp中国国家博物馆）

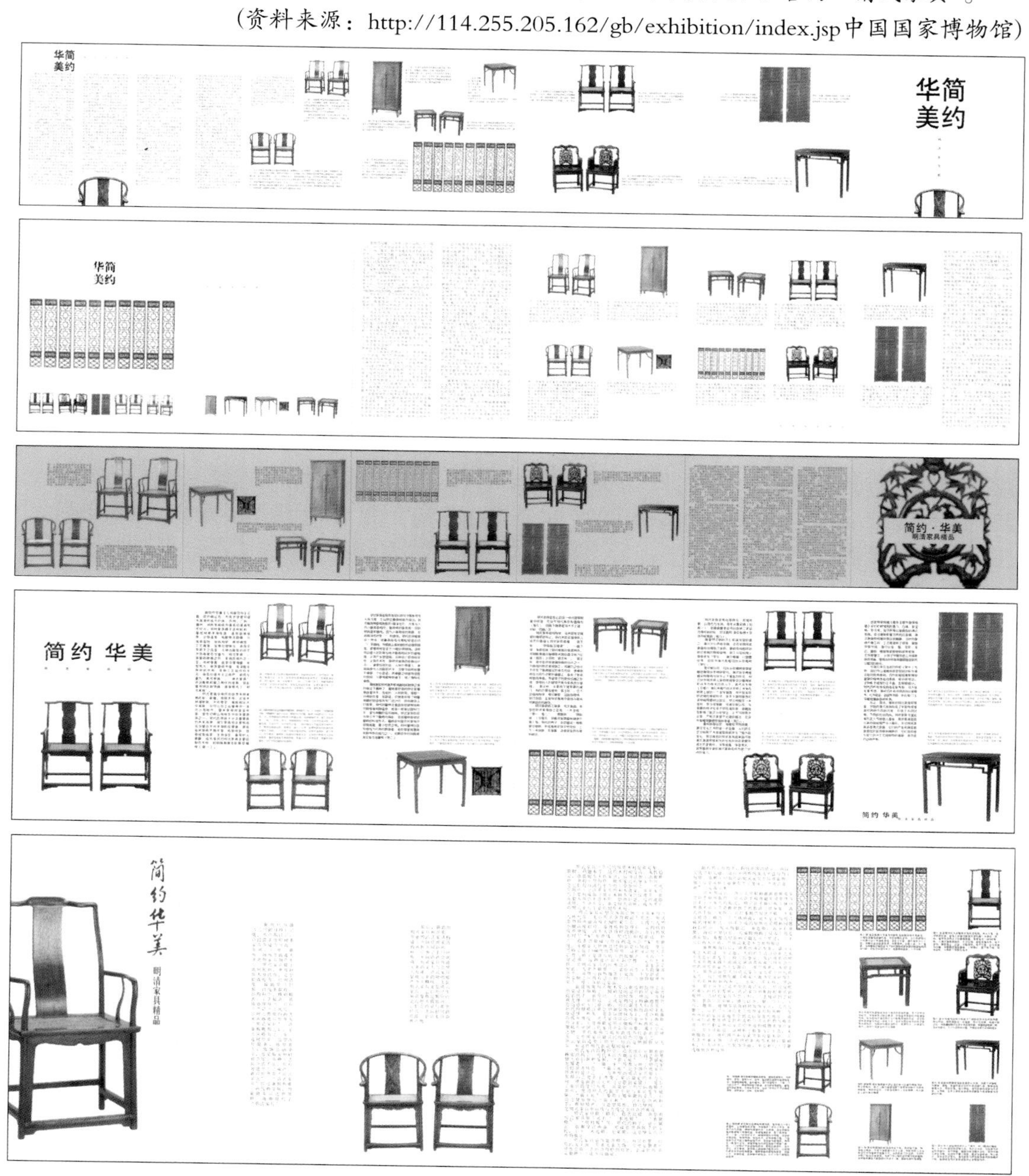

图5-26 学生作业 作者（从上到下）：唐胜、屈冬晓、喻丹迪、王照赛、王欣

参考文献

[1] (英) 艾伦•斯旺. 英国平面设计基础教程[M]. 张锡九，等译. 上海：上海人民美术出版社，2003.
[2] (美) 阿历克斯•伍•怀特. 平面设计原理[M]. 黄文丽，文学武，译. 上海：上海人民美术出版社，2005.
[3] (英) 艾伦•斯旺. 英国版式设计教程[M].匡洁，译. 上海：上海人民美术出版社，2004.
[4] (美) 艾莉森•古德曼. 平面设计的七大要素[M]. 王群，译. 上海：上海人民美术出版社，2002.
[5] (美) 波特. 杂志创意设计经典[M]. 静影工作室，译. 北京：中国青年出版社，2003.
[6] (美) 斯考特•波尔斯顿. 非凡的设计•案例与版式[M]. 王甬勤，译. 上海：上海人民美术出版社，2002.
[7] 钱存训. 中国纸和印刷文化史[M]. 桂林：广西师范大学出版社, 2004.
[8] 王绍强. 版式设计风格化[M]. 南宁：广西美术出版社，2004.
[9] (英) 杰里米•莱斯利. 期刊新设计[M]. 谭宝全，等译. 上海：上海人民美术出版社，2004.
[10] (英) 戴维•达博纳. 英国版式设计教程 (高级版) [M].彭燕，等译. 上海：上海人民美术出版社，2004.
[11] 杨敏, 杨奕. 版式设计[M].重庆：西南师范大学出版社，1999.
[12] 王汀. 版式设计[M]. 广州：广东人民出版社，2000.
[13] 王序. 设计交流 (1)[M]. 北京：中国青年出版社，1998.
[14] 何见平. 马蒂斯与他的学生们[M].北京：中国青年出版社，2004.
[15] 何见平. 乌韦•勒斯与他的学生们[M]. 北京：中国青年出版社，2004.
[16] 藏可心. 欧洲招贴设计大师作品经典[G].上海：上海人民美术出版社，2003.
[17] (德) Florian Pfeffer，等. 国际设计新锐优秀作品集 (1-4)[G].陈静，等译. 北京：中国青年出版社，2003.
[18] 余秉楠. 字体设计基础[M].北京：人民美术出版社，1993.
[19] (美) 维罗尼克•维安. 新设计的对话——来自平面设计的新声音 1 [M].黄文丽，文学武，译. 上海：上海人民美术出版社，2004.
[20] (美) 杰西•马里诺夫•雷耶斯. 新生代平面设计[M].曹田泉，刘晓玲，译. 上海：上海人民美术出版社，2002.
[21] (美) Robin Williams，John Tollett. 平面设计精彩范例[M].张玉海，等译. 北京：电子工业出版社，2002.
[22]《艺术与设计》杂志.
[23] NOVUM. 2005年1～12期.

专题篇

专题一

平面设计大师海报版式设计分析

栏目主持：华中师范大学美术学院副教授　张朴

图专1-1

海报版式设计由图形、色彩、文字三大编排元素组成，图文编排在海报设计中尤为重要，它是海报设计语言、设计风格的重要体现。

在平面海报设计的发展历史中，随着工业的进步，特别是印刷产业的革新、出版业的繁荣，工业发达的欧洲国家如德国、瑞士和法国出现了许多有代表性的平面设计大师，他们设计出经典的传世佳作，并呈现出不同的设计风格。

我们运用感性的对称、均衡、方向、中心、空白、分割、韵律、点线面等版式设计原理和理性网格版式设计原理，对大师的作品进行系统分析研究，来感悟海报编排设计的规律。

【案例一】德国平面设计大师作品分析

早在15世纪的德国，得力于古登堡在金属活字印刷术上的发明与革新，人们已将文字与插图混合排版并运用于印刷媒体，它不仅对德国的出版业是一个极大的促进，同时对工业发达的欧洲及其出版业也产生了重大影响，出现了大批精通印刷术的平面设计家。

① “青年风格”运动最重要的设计家彼得·贝伦斯是德国现代设计的鼻祖，被誉为“德国现代设计之父”。贝伦斯在字体设计上进行了大胆的改革和创新，将繁琐的装饰字体设计为“无饰线”字体。他为德国电气公司所设计的海报运用简洁无装饰字体和几何形体对称的组合，通过视觉中心点状渐变的光感，表现了德国工业化时代的企业特征（见图专1-1）。

主持人提示：

现代设计经历半个多世纪的探索和实践后，1919年沃尔特·格多佩斯在德国的魏玛建立“国立包豪斯学院”，强调技术与艺术的和谐统一，通过不断完善形成了自己的体系。战后的国际主义平面设计风格在很大程度上是在包豪斯体系基础上发展起来的，后来影响了整个欧洲、美国、日本和20世纪的中国。

第二次世界大战以后，德国涌现出了一大批对世界平面设计发展产生重大影响的设计师，如贡特尔·基泽、皮埃尔·门德尔、格特·冯德利希、冈特·兰博等都是大师级的代表人物。

② 贡特尔·基泽是“欧洲视觉诗人派”代表人物，其作品具有丰富的想象力与激扬的创造力，讲究比例和尺寸、色彩和明暗的对比关系，具有超现实主义风格特征。海报《和平运动》（见图专1-2）将文字嵌入图形之

图专1-2

中，强调方向的版式编排，使版式中的文字与图形形成运动感。

③ 皮埃尔·门德尔用理性的哲学思想处理图形、表现主题。系列海报《莱茵河的黄金》（见图专1-3）以简洁的图形、文字、色彩来表现主题思想，以中轴线为依据，对称的版式结构，给人庄严、稳重、典雅之感，在文字编排上增加了一定的不对称因素，既庄重又活泼。黑色与高纯度色彩的对比，给人留下了深刻的印象。

④ 格特·冯德利希的海报设计几乎全部由文字元素组成。这与他早年从事字体设计及长期以来研究字体与版式的视觉语言分不开。他善于发现字母形式美的感染力，强调大与小、细与粗的强烈对比，在字母与版式的组合上寻找游戏般的快乐。他的海报充满力量，主题明确，构图严谨，成为我们今天学习和研究的典范。

1989年6月，在慕尼黑举办的“第一届国际广告柱艺术双年展”上，来自29个国家的艺术家参加了这次展览，冯德利希的设计方案是一个充满魅力的“字母广告柱”（见图专1-4），内容上运用斯坦尼斯拉夫的格言设计，形式上用点、线、面的版式设计语言来表现。点，在他的版式中可以理解为一个字母或是一个字母的某个局部；线，可以理解为一行文字；面，可以理解为版式中表现的一组文字、一块空白或是一个大的字母与文字的组合。产生设计元素的形状、方向、大小、位置等诸多方面的变化，用字母、文字、点、线、面的抽象概念去设计整块版面，使版面产生简洁、明快的时代风格。

格特·冯德利希在自由命题的海报设计中，常反映现实中发生的重大事件和社会热点问题。1994反战海报《永不再要》（见图专1-5）运用三个“NEVER”文字组成一个残缺的法国纳粹党徽，文字的编排所形成的视觉流程，通过版面运动的导向把观者的视觉引向画面的视觉中心，色彩纯度、明度、肌理等视觉元素的强调与对比，更加突出了海报主题。

海报《国际平面设计展览会》（见图专1-6），通过字母与空白版面的深浅对比，把画面纵向分割成多个层次，使二维的平面具有三维空间

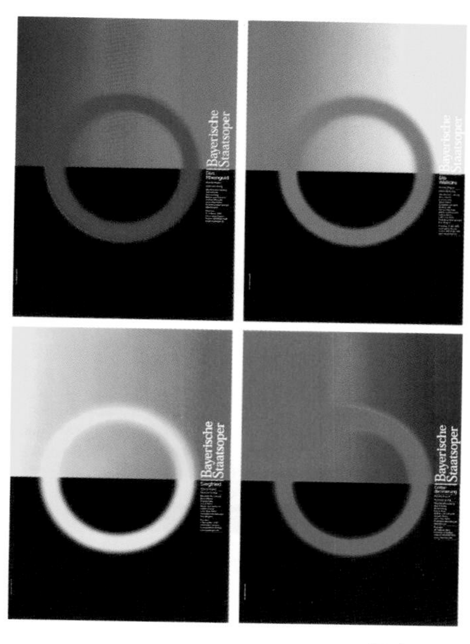

图专1-3

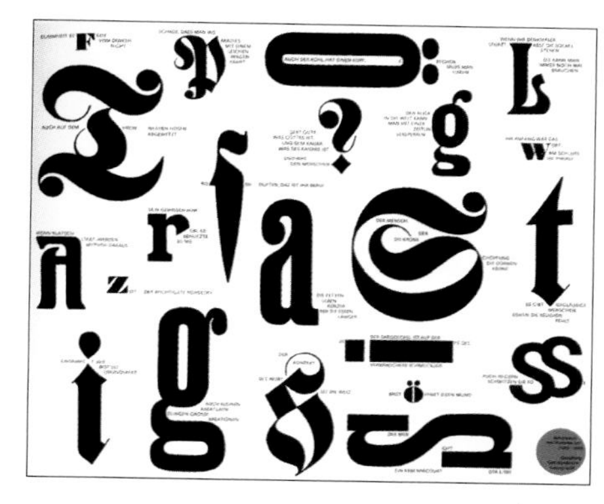

图专1-4

图专1-5

图专1-6

的效果，犹如运用西方绘画的空气透视法，将一幅风景画分割成具有清晰的近景、柔和的中景和轻柔的远景一般。版面主次分明、清新明了，各层次间的对比强弱适度，自然组合成了同一视觉元素重复透叠的版面风格。

1969年设计的海报《阅读　发现　感受》（见图专1-7），将书作为主体图形，图形和文字沿中轴线错落有序的组合，同类设计元素在不同面积、不同位置的交替变化，使整个版式产生音乐般的节奏感和韵律感。

⑤ 冈特·兰博运用摄影、拼贴等技术，将元素打散重构。把现实的影像变成有着抽象意义的影像图形。简洁的文字编排，形成具有超强视觉冲击力的平面设计作品。

海报《Der fliegende Hollander》（见图专1-8），图形鹰与文字、背景、肌理等诸多元素在位置、重心、对比等方面的综合应用，使版面分割的面积产生差异，但面积的重量感却又相似，形成均衡画面效果。

图专1-7

图专1-8

【案例二】瑞士平面大师作品分析

瑞士是第二次世界大战前后世界最重要的平面设计交流中心。涌现了许多重要的平面设计家，对国际主义风格的形成和传播起到了重要的促进作用。

① 约瑟夫·米勒·布罗克曼是20世纪50年代瑞士国际主义平面设计的奠基人。德国的包豪斯学院解体以后，瑞士的设计师继承了包豪斯的设计思想，发展出一种网格结构系统，在数理逻辑的基础上将版面分割成一系列分界线和骨格点，在版面的结构中寻找图片与文字的相互联系及图形与文字的位置，使得平面设计版面简明扼要、清晰明了，既有高度的视觉传达功能，又有强烈的秩序感和时代感。

约瑟夫·米勒·布罗克曼的这张音乐会海报《苏黎世音乐厅》（见图专1-9），画面被网格等分为三个垂直列，下端形成文字段落，圆形元素通过大小方向对比和有规则组合，使版面理性而有秩序感。

② 布鲁诺·蒙高兹在版面设计中，对字形的差异很敏感，常根据不同的文字确定不同的版面形式。展览海报《Majakovskij》（见图专1-10）中，图形文字与大面积的空白形成虚实对比，空白空间的大量使用，更好地突出了主题，使版面传达出清晰、有力的信息。

③ 尼古拉斯在作品中运用网格将版面分为横12 列，纵4列，在每个右侧骨格点上编排文字，使白色的文字和左侧色条图形的疏密关系形成动与静的对比（见图专1-11）。

【案例三】法国平面大师作品分析

法国的平面设计与其绘画艺术一样，充满浪漫和激情，并洋溢着浓郁的文化气息。法国是新艺术运动的发源地，19世纪

图专1–9

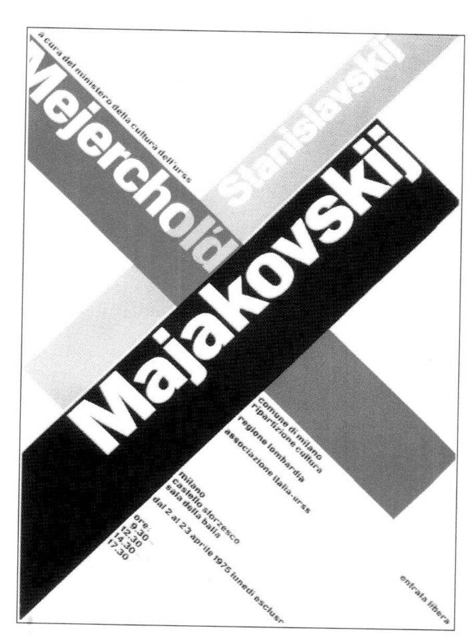

图专1–10

末的巴黎世界博览会上，新艺术运动在法国崭露头角，历时20余年，一反维多利亚时期矫揉造作的风格，为平面设计向新设计风格过渡起到了一个承上启下的作用，影响了欧美数十个国家。

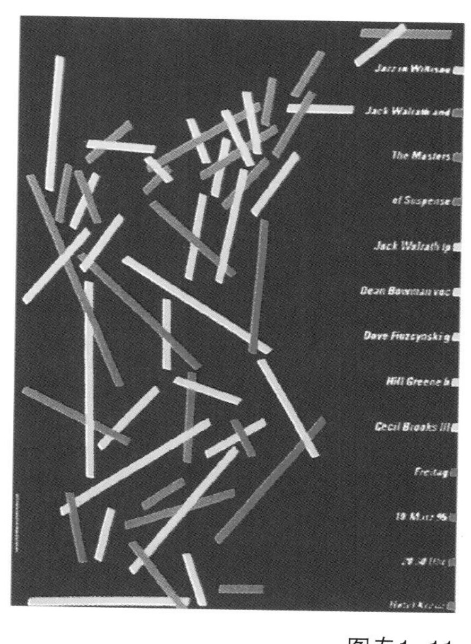

图专1–11

主持人提示：

20世纪产生了许多对世界平面设计有重大影响的大师。被称为“现代海报之父”的谢列特及20世纪上半叶现代海报艺术的开拓先锋让·卡吕、杰勒德·帕里斯·克拉韦尔和卡山大。现代艺术运动从法国印象派开始，影响欧洲平面设计的设计观念和表现方法，特别是形式风格，诸如立体主义的形式、未来主义的思想观念、达达主义的版面编排，其中现实主义对插图和版面的影响最大。

① 让·卡吕是现代海报艺术的开拓先锋，他以一种新的视觉表达法一扫平面设计界的沉闷状态。受立体主义绘画风格影响，他采用简洁明了的结构和无装饰字体，活泼的象征性图形成为他设计的要素，画面构图简洁有力，现代感强烈。

人的视觉对中心点很敏感，对版面中心的认知也不例外。这里所探讨的就是版面“米”字形的中心点。很多设计师会将版面的重要信息元素放在其中，以突出重点，但这样四平八稳风格的版面太多了，人们可能会产生视觉疲劳，使设计没了新意。为了打破这种版式格局，设计师往往根据自己版式设计的需求，制造一个中心区域，运用文字、色彩的导向作用，将主体图形通过视觉流程表现出来。《富士海报》（见图专1–12）应用设计原理，使字母“O”与“ODEON”排列组合，“ODEON”文字的排列的方向感很强，视觉流程将人们的视觉引向了版面的趣味中心。

② 杰勒德·帕里斯·克拉韦尔的作品设计核心是传达的表现。他在每个项目设计前都会先分析要传达的内容，把握传达的信息核心，把所有的信息整合成最简单的观念，表现力求简洁而强烈，字体常常采用手绘方

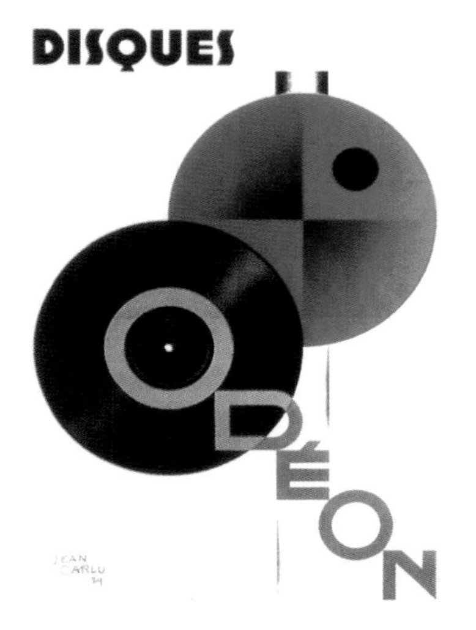

图专1-12

图专1-13

图专1-14

式，具有强烈的表现色彩，热烈而奔放。

通常人在获取信息的时候，眼睛的注意力会自觉或不自觉在版面四个角上的某个角作停留，片刻后会继续往下一个角移动。“和平海报”（见图专1-13）设计充分利用了人的视觉习惯，将手写体的文字放入版面的四角，通过文字的方向形成视觉流程，围绕在版面的四周。手绘的图形增加了海报的感染力，具有一种反主流、反传统、否定性的形式特征。

③ 卡山大是20世纪最著名的海报设计家。他将先锋运动如立体主义的创作经验带入商业设计中。用自己设计的字体来传达海报的信息，采用当时流行的装饰艺术风格和前卫艺术风格的特点，成为当时最流行的风格典范，甚至影响今天的设计师。

卡山大认为，一张海报必须要解决三个问题：一是海报必须具有观赏性，二是能很迅速地传达视觉信息，三是吸引观者视线，使之与海报产生联系。1913年，卡山大设计的横渡大西洋的海上轮船海报是著名的装饰艺术风格的平面设计杰作（见图专1-14）。他将船的自然形态通过几何图形及装饰手法加以提炼，使之成为简洁明快的设计图形。大小船只冒出的黑烟将画面有机地联系到一起，感性和理性形成冲突，画面中对齐的文字编排，使画面产生了强烈的视觉冲击力。

主持人语：

以上运用版面设计原理分析了德国、瑞士、法国大师的海报设计。

实际上，一幅好的设计作品同时融合了多个形式原理，它们既对立又统一，共存于一个版面之中。在这里之所以将其分解分析，是为了帮助同学们清晰地理解和掌握版式设计原理在设计中的运用。

参考文献

[1] 张朴. 欧洲平面海报版式探究[J]. 湖北美术学院学报，2007（04）.
[2] 王受之. 世界平面设计史[M]. 北京：中国青年出版社，2002.
[3] 余秉楠. 从纤细到特粗：格特·冯德利希的版式设计和平面设计[M].昆明：云南人民出版社，2001.
[4] 朱国勤，倪伟，王文霞. 编排设计[M].上海：上海人民美术出版社，2001.
[5] 童慧明，李雨婷. 100年100位平面设计师[M].北京：北京理工大学出版社，2003.
[6] 艺术与设计. 2003年第1期.

专题二

版式设计中的印刷工艺

栏目主持：华中师范大学美术学院副教授　张朴

目前，80%的平面版式设计作品与印刷媒体有关。图形、文字、色彩是构成版式设计的重要元素，也是版式设计印刷复制过程中重要的组成部分。因此设计师应该把握印刷工艺相关技术和基本理论，掌握印刷品设计流程，以便使平面版式设计稿顺利转换成印刷成品，以适应印刷产业化生产的要求。

1. 印刷用纸

（1）印刷常用纸张的种类及特点

新闻纸　俗称白报纸，是在日常生活中消耗最大的出版用纸。含有较粗的木浆和杂质，抗水性较差，伸缩率也较大。纸张呈微黄色，特点是纸质地松软，弹性好，吸墨性强，主要用于印刷报纸和一些印刷成本较低的书刊印件。

双面胶版纸　纸张表面质地紧密、平滑、不透明、伸缩性和抗水性强，有白度好、吸墨性不太强、着墨均匀、印迹清晰等特点，主要用于信封、信笺。高克度的双面胶版纸也是书籍和宣传册的常用印刷用纸。

铜版纸　它是在原纸的表面涂布一层白色浆料以填充纸坯表面的纤维缝隙，经超级压光加工而制成的高级印刷用纸。铜版纸表面非常光洁、平整，主要用于印刷精美的画册、图书封面等。

白卡纸　是双面涂料，经压光处理的多层双面厚纸。白卡纸主要用于印制名片、请柬、证书及包装盒，经特殊加工可形成全版卡、铜精卡等各种有表面肌理效果的有色卡纸。

哑粉纸　纸面经粉质涂布处理，光泽清雅柔和，很受用户的青睐，适用于高档画册的印刷。由于其表面纹理疏松，印刷中墨色较重时不易干透，会发生过底和擦脏的现象。

灰地白板纸　是一种较厚并且硬度适中的单面包装印刷用纸。纸张正面光滑，背面呈灰色，由于该纸有一定的韧性且含水量较高，有较大的伸缩性，应注意存放在干燥的地方，以免纸张受潮起皱。

除以上常用的纸张以外，还有一些做特殊用途的纸张，称为特种纸。其特点是表面有不同的肌理。

（2）印刷纸张的规格

印刷纸张的常用规格有787 mm×1 092 mm、850 mm×1 168 mm、880 mm×1 230 mm、889 mm×1 194 mm等四种规格。纸张开切方法有三百余种，主要有几何级数开切法、正开法、叉开法三种。印刷选用纸张规格时，要考虑到印刷机的咬口尺寸(10～12 mm)，胶印套版印刷时还要留出十字规矩线的位置，一般为3～5 mm，以及成品裁切时3 mm的切口尺寸。

目前在国内市场上纸张尺寸有正度和大度之分。正度全开纸为787 mm×1 092 mm，可裁成16张195 mm×271 mm的纸，称为正度16 K。大度全开纸为889 mm×1 194 mm，可裁成16张220 mm×297 mm的纸，称为大度16 K。在实际印刷中，扣除咬口、装订、修边的部分用纸，正度16 K的成品尺寸为187 mm×260 mm，大度为210 mm×285 mm。

印刷常用的纸张开数有:2 K、3 K、4 K、6 K、12 K、16 K、32 K、46 K、50 K等。

主持人提示：

在平版印刷中，纸张需经过两个圆筒在其中接受压印。印版带有湿气，好的纸张应该经得起湿气侵蚀而变形较小，且收缩率愈低愈好。由于温度和潮湿引起的纸张变形会影响印刷的套印准确度，严重的情况会使纸张变形后受压力的影响而起皱褶，因此，在印刷之前纸张都要进行防潮处理。

2. 输出网片电子文件的制作

（1）四色网片的制作

由于印刷色呈色原理是用CMYK（青、红、黄、黑）四色并置、叠加来还原设计原稿的，因此，四色印刷至少需4张网片才能完成印刷色的还原。如需设计专色，则需用5张网片完成。我们可在Mac系统或PC系统中，根据原稿的需

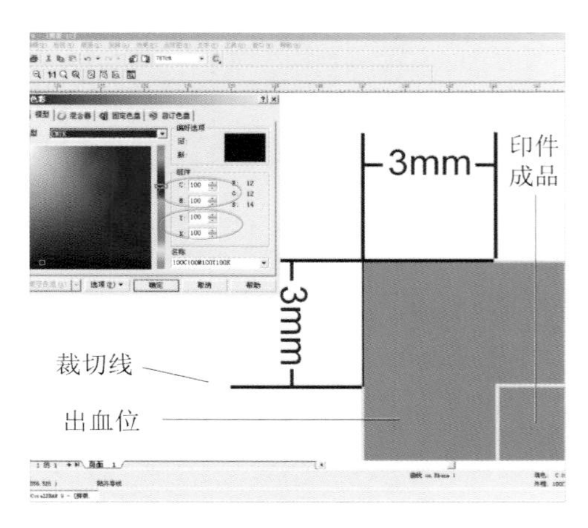

图专2-1

图专2-2

求，选择相应的排版编辑软件制作网片。

我们以CorelDRAW设计大度4K的宣传画为例，大度4K的成品尺寸为580 mm×420 mm。打开页面，设置版面纸张大小为580 mm×420 mm，在纸张的四个角设置裁切位，如果设计稿边缘有图像或色彩，则应向每个裁切位沿水平方向和垂直方向向外延伸3 mm，在印刷术语中称为出血位。裁切位的裁切线一般设置为极细线，填充为C100、M100 、Y100、K100，这样，在网片输出后，青、红、黄、黑每张网片上都有100%网点的裁切线，便于在四色印刷时，套准每一个色版，并作为裁切线套准的依据（见图专2-1、图专2-2)。

在裁切印刷成品时，裁刀极容易产生轻微的错位，造成切进成品内或切到成品外，如果没有设置出血位，印件则会出现露白边现象，出血位的作用是在裁切成品有轻微的误差时，避免露白边现象的发生。裁切位和出血位的标准设置在印前制版环节中非常重要，如果在输出的网片中发现裁切位和出血位不符合标准，得重新制作，不得有误。

(2) 单色网片的制作

在排版编辑软件中导入灰阶模式图，文字填充为黑，编辑后输出单色（K）黑网片。印刷时，利用油墨将单色灰阶图印在白纸或是有底色的特种纸上，叠加后可形成特殊的色彩效果，单色可以选择印黑色油墨，也可以选择彩色油墨。单色调印刷是一种假复色印刷，效果很接近复色调印刷，因底色会使图像的高光部分变暗，阶调的层次相对较差。在处理图片时可适当加大阶调的反差（见图专2-3)。

(3) 双色调、三色调网片的制作

双色调印刷主要是将灰阶图像变为有色彩的图像，目的是要使印刷品有一定的视觉效果和较低的印刷成本。双色调、三色调印刷网片的制作方法通常有以下三种。

① 以黑色版为主色调，另外一个色版使用CMY（青、红、黄）中的一色，明度较高的颜色同黑色混合。

② 使用两个有颜色版的双色调印刷，根据设计的要求选择主色调较深，副色调较淡的两个色，这两个色最好从特别色中选取。从Adobe Photoshop软件中开启一个灰阶图，选择影像模式，打开双色调对话框，在对话框中选择双色调，点击油墨1，填充为特别色，确定主色调；点击油墨2，确定深色调，输出为两张网片，印刷时分别按Pantone色卡调制特别色印刷（见图专2-4)。

③ 以有色版两色为色调，另外加黑色混合，适合于怀旧主题图像印刷的制作（见图专2-5)。

为了获得复色调效果，将彩色反转片分色后，取其中两色版做重叠印刷，可以得到层次丰富、色彩鲜艳的视觉效果，也可以根据需求进行三色重叠印刷。我们可在Photoshop软件的色彩通道中直观地看到四色中任意两色或三色的叠加效果（见图专2-6)。

(4) 特别色（专色）网片的制作

特别色是指预先混合好的彩色油墨的颜色，也称专色。Pantone色卡为我们提供了上千种特别色色标，用来替代或补充CMYK四色还原的不足。它有色域宽、色彩稳定和厚实等特点。

在CorelDARW软件中制作专色版，将专色填充后裁切线选填拼版标示色，这样输出的网片除CMYK色版以外，还有一块独立的专色版，并且该版的四角也带有同样的裁切线（见图专2-7)。

(5) 制作网片中应注意的问题

① 黑底与白字。在设计满版黑底时，应填充100%K加40%C。在印刷机上100%K不会印得很黑，容易发灰，需先印40%C，

图专2-3

图专2-4

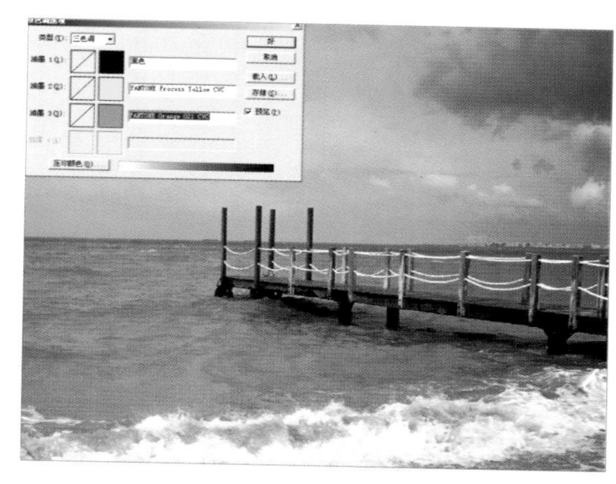

图专2-5

图专2-6

再在此基础上印100%，黑色就会显得很厚实。在深色或黑底上设计有反白的文字时，字的大小不应小于7磅，特别是在多色油墨叠加以后在压力的作用下，网点会有少许扩张，文字太小，较细的文字笔画容易模糊和断裂（见图专2-8）。

② 彩色文字。印刷标题等主体彩色文字时，四色印刷不会有问题，但印刷书籍杂志正文中较小的彩色文字时，四色印刷就较难把握。在四色套印时，纸张的收缩会引起套印的偏差，使文字边缘产生毛边和模糊现象，所以，一般采用专色印刷彩色文字。如果不做特效文字，文字的编辑就不要在Photoshop软件中进行，Photoshop软件编辑文字是用像素点来计算的，所形成的是点阵图，这样一来，一方面文字边缘会出现锯齿现象，另一方面填充黑色的文字会击穿底图，影响印刷质量（见图专2-9）。

③ 跨页设计。根据印刷版面与折页的规律，应使跨页设计在同一印版上印刷，以免分版印刷产生色差。在跨页上设计文字很容易因装订时产生错位带来文字信息的缺损，如一定要跨页，应把文字信息避开跨页缝边（见图专2-10）。

④ 图片的精度。印刷图片的精度要求一定是原稿电分印刷尺寸的305dpi，如将低于305dpi的图片尺寸在Photoshop中强行改为305dpi是没有意义的，原始的图片大小已决定了图片的精度。在运用非专业型数字照相机获取图片时，可适当调整一下图片的锐度，来改善影像的效果（见图专2-11）。

⑤ 特效和旋转。在CorelDRAW软件中做图片的特效和旋转时，会有很多陷阱，CorelDRAW软件中有许多特效工具，如给物件做投影，给图片做透明渐变等，非常方便，即时给予命令，即可得到效果。虽然在屏幕显示时没有问题，但在输出胶片时会有元素分离现象的发生，我们应在做好特效以后，将其转换成点阵图。

在设计编排或拼版时，我们还会对图片进行旋转，旋转过的图片应转换成点阵图，否则会出现图片破损现象（见图专2-12）。在CorelDRAW中为文字做投影。如果我们给一个有底色的文字做黑色投影，在填充投影为100%K时，另外

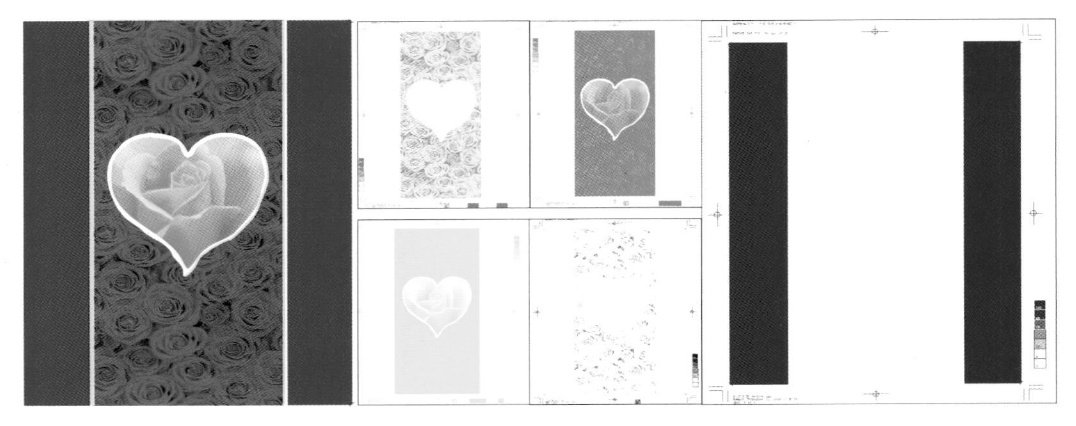

图专2-7

图专2-8

图专2-9

people who spd it for the rest.
of us..." Young eople's Workshop

"In certain reas there's a
tendency to cri nalise young people,
but there is ver little for young people
to do... it's imp tant that there are
public spaces fo young people to gather
and do produc ve things."
Citizens' Wor hop

图专2-10

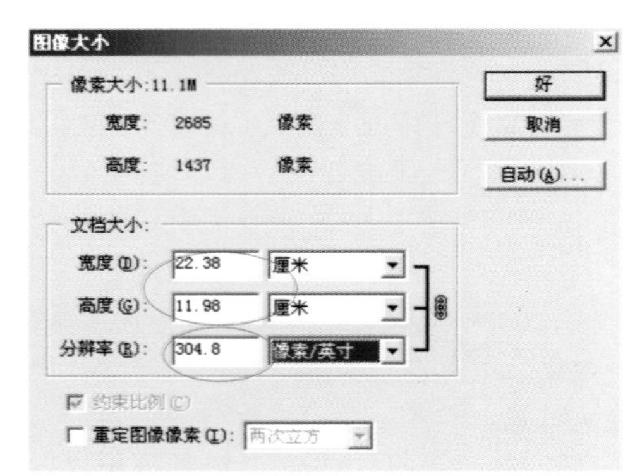

图专2-11

图专2-12

还要加上底色的色彩值，这时我们得到的黑不是单色黑，而是有底色成分的黑，否则投影黑印出来后会呈灰色，最后还要将其转为位图（见图专2-13）。

主持人提示:

设计制作完成以后，用软件工具对电子文件进行检查是很有必要的。在CorelDRAW中运行文件信息工具，可显示已做电子文件的图形物件、字体、点阵图、样式、效果、填色模式、外框等所有信息，应对其检查，如发现问题可在寻找与取代工具中统一更改，最后在打印预览中预览胶片分色的四色信息。

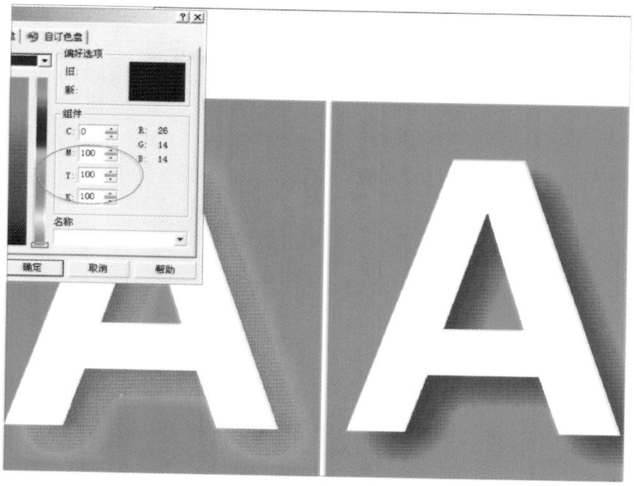

图专2-13

3. 拼版方法与打样

(1) 平行拼版法

平行拼版法是将设计单元平行并置的拼版方法。有底色的印件必须制作出血位尺寸，不同的出血位制作方法可以得到完全不同的结果。平行式的拼版法有两种裁切方式，当印件底色相同时，可使用一刀修边；如果底色不同，则可以两刀修边，此时，裁切线应为两条。

(2) 自翻版法

自翻版法是纸张正反两面共用一套版的拼版方法，印刷时正反各印一次。自翻版又分为左右自翻版和上下自翻版两种方式，将印件裁切后可得到两份同样的印件，选择自翻版的印刷方法可节省印工和晒版的费用，并且很容易使正反两版保持印色一致。

(3) 正反版法

正反版法是先印正面再印反面的拼版方法。拼版时应确认与设计稿正反版的内容一致，避免错版现象的发生。

在大度16K的1～16页的拼版中，往往弄不清哪一页和哪一页对拼或左右拼接。这里介绍一个简便的方法，将一张A4大小的纸对折三次成为16页小纸样，再将数字1～16分别写在每页的右下角上，把A4大小的纸张展开，即可得到2K正面和反面的页码拼版样式。

根据印刷的需要在拼左右翻身版时，要预留一边的咬口位10～12 mm，在拼天地轮转版时，则上下两边都需留咬口位，有些版面需用卡刀卡成形，两成品尺寸间应留2～3 mm间距。

(4) 印前打样

① 传统机械打样。传统机械打样也称为传统打样，其印刷方式和实际印刷时基本一致，是将四色网片拷贝到PS版上，选用成品印刷时所用的纸张和油墨，通过印刷机或印刷打样机来再现印刷成品的形态和颜色，几乎可以达到和印刷成品相同的效果，样张可供客户校对签字。印刷时，印刷工人也可以利用样张来控制和微调印品的颜色和层次，以达到最佳的印刷效果。传统打样工序多，所需时间长，费用也较高，一旦发现问题，则需改版，成本也随之增加（见图专2-14至图专2-20）。

② 数字打样。数字打样技术是近年来印刷技术的前沿技术，它是把彩色桌面系统制作的数据直接经彩色输出设备输出样张，与直接印刷的制版技术相结合，可取代传统印前从数据到软片再晒版打样的繁杂工艺程序，还可用来检查印前工艺程序中图文信息的正确与否，为批量印刷提供参照依据。

数字打样不同于传统打样机平压圆的印刷方式，也不同于成品印刷机圆压圆的印刷方式，它是以印刷品颜色的呈色范围和与印刷内容相同的RIP数据为基础，用彩色打印设备模拟印刷打样呈色技术，用色料和其他颜料的合成材料打印彩色样张，再现印刷色彩。

由于数字打样使用的呈色剂和纸张与传统印刷不同，彩色打印机的色域与传统打样的色域也不一样，所以要首先由数字打样控制软件把颜色校正到印刷色域，再由印前系统输出的数字图文信息进入数字打样控制软件，并根据大色域与小色域空间匹配与转换模拟出实际的印刷效果。

图专2-14　C单色样

图专2-15　M单色样

图专2-16　Y单色样

图专2-17　K单色样

图专2-18　C、M双色样

图专2-19　Y、K双色样

图专2-20　C、M、Y、K四色样

主持人提示:

打样是印前设计制作和印刷之间的工作程序，它既是印前版式设计的直观效果的再现，又是批量印刷参考的依据，还可以发现和校正印前图文处理和制版过程中的错误，并在批量印刷成品前给予校正。样张可以交由客户审核和签样，以及校对设计制作中文字和彩色还原的质量，确认印刷成品的最终效果。常用的样张类型有版式样和彩色样两种，其中，版式样主要用于校对拼版方式、尺寸和位置是否正确；彩色样主要用于确认印刷复制的色彩还原效果；如果是包装设计还需打成品样。

主持人语:

在印刷复制过程中，由于是标准化生产，版式设计的尺寸首先应与纸张开别相吻合，其次是选用几色印刷能较好地还原版式设计作品是非常重要的。根据印件的不同，我们选择的印纸和印刷机器也不相同，这是我们控制印刷质量和印刷成本的重要因素。

专题三

报纸版式设计的灵魂——线

栏目主持：《楚天都市报》记者　苏争

报纸版式设计与报纸自身的特点息息相关！

报纸是新闻的集合，有着海量的信息。这些新闻通常被分为时政、经济、科教、文娱、体育等，并分属不同版面。如何在最大限度地满足读者的信息需求的同时，运用平面设计理论美化报纸，使读者在阅读时能够视觉愉悦，是报纸版式设计者的研究课题。

由于报纸以文字信息为主，因此报纸版面留给设计人员的设计元素和发挥空间十分有限，而“线”就成为其最基本、最重要的设计元素。

在报纸版面中，“线”主要用来构成版式中的骨架。这里所指的线，并不是指单纯的“点的运行轨迹”，而是面（即文章）与面的界定。它可以是无形的留白，也可以是或粗犷或纤细的明确的“线”。

报纸版面中，线不仅具有位置、长度的变化，还具有粗细、空间、方向的变化。线的这些视觉特征是它在版式设计中最主要的性质。

下面着重分析线在版面中的作用。

1. 线明确区分各文章块的内容

目前，中国报业竞争已经白热化，走市场化道路的报纸在加大信息量上无不尽其所能。以《楚天都市报》为例，早期每版文章可以多达十几篇，甚至20篇。这么密密麻麻的“面”，人眼能够一目了然地区分它们吗？恐怕比较费劲。近年来随着广告增多和大规模扩版，《楚天都市报》每版文章数有所减少，但每版文章仍在10篇上下。为了能让读者更顺畅、更心旷神怡地阅读，我们就要运用线来更好地把文章中不同的内容区分开来。

我们知道平面构成中，面与面平行且有间距的编排，会形成一条空白的“线”。文章在报纸上出现的形式宏观上看也是一个面，两篇文章之间的编排，自然会形成空白线。但是当它还没有运用于排版时，这条线以一种负形的面貌出现，它是那样的不明确，也太粗放，界定不清，容易使读者产生信息传递不清晰的感觉。

当文章之间的界线不清时，运用线条就可以很容易地把它们区分开来。

楚天都市报
CHUTIAN METROPOLIS DAILY
2006年1月 9日 星期一
今日32版
RAMADA
招租/招聘热线：87464766/87409476
曾经的标志建筑，即将化作历史烟尘
“47岁”老武商春节后拆除
武商集团拟依托原址扩张，打造武汉超级商城
重大突发公共事件，4小时内须报国务院
联合国驻海地维和司令中弹身亡
毒品祸害人，其厉猛于虎
毒瘾发作 吸毒女大闹产房
我省公推公选两“正厅”
168人报名竞争，6人闯过数关入围候选
报名火爆，加演一场
千名准妈妈喜听“胎教音乐会”
人代会上，武汉市中院院长承诺——
年内，民告官判决书全上网
来了患者喊“爸妈”，疗效好到“100%”
“喜来健”可治130多种病？
发电机组超市
中福机电
24小时新闻热线
8008806088
86777777

图专3-1

楚天都市报
CHUTIAN METROPOLIS DAILY
2006年1月 9日 星期一
今日32版
RAMADA
招租/招聘热线：87464766/87409476
曾经的标志建筑，即将化作历史烟尘
“47岁”老武商春节后拆除
武商集团拟依托原址扩张，打造武汉超级商城
重大突发公共事件，4小时内须报国务院
联合国驻海地维和司令中弹身亡
毒品祸害人，其厉猛于虎
毒瘾发作 吸毒女大闹产房
我省公推公选两“正厅”
168人报名竞争，6人闯过数关入围候选
报名火爆，加演一场
千名准妈妈喜听“胎教音乐会”
人代会上，武汉市中院院长承诺——
年内，民告官判决书全上网
来了患者喊“爸妈”，疗效好到“100%”
“喜来健”可治130多种病？
发电机组超市
中福机电
24小时新闻热线
8008806088
86777777

图专3-2

【案例一】　《楚天都市报》头版版式设计

图专3-1所示的为《楚天都市报》2006年1月9日头版版样。该版共用粗细、深浅不同的4种线型将各条新闻分隔开，分区明确，信息清晰。图专3-2所示的为去掉分隔线的版样，视觉引导变得含糊不清。

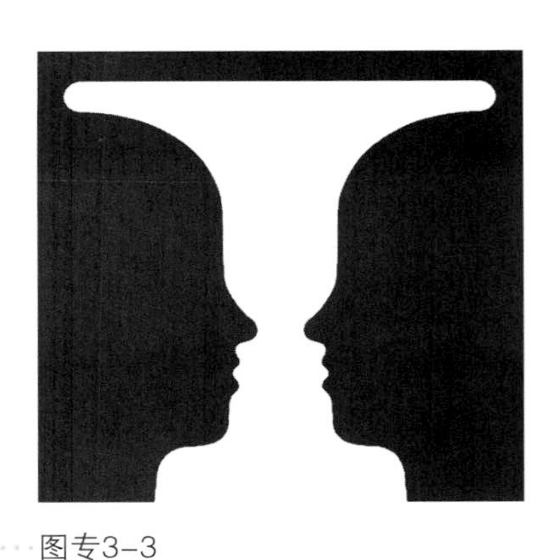

图专3-3

2. 封闭线框能够排除相邻内容，突出自身，提高文章的视觉传达力度

在版面中，想要突出一篇文章，最简单也是最有效的方法恐怕就是给文章加一个封闭线框了，这个封闭线框会把框中的文章突出为中心，而排斥周围的文章。

我们可以比较图专3-1与图专3-2所示封闭线框的应用，当日头版的重头文章《"喜来健"可治130多种病?》，被加框放置"倒头条"位置，信息突出而又不破坏主打新闻的焦点。

为什么会产生这种效果呢?

在平面构成中，面的形成伴随着"图"与"地"的概念。面存在的依据是它的"可识性"，而面构成的同时，必伴有使其被感觉到存在的周围环境，同样也具有可识性，如图专3-3所示。这里，成为视觉对象，并且有"可识性"的面即为"图"。而使面存在的"周围的环境"，即为"地"。

"图"与"地"是一对矛盾体，既相互对立，又相辅相成。"图"具有紧张感、密度感、前进感、易感知性；"地"具有使图显现的能力，而本身易被忽视，具有后退感。这就不难理解为什么封闭线框能突出文章了，因为，封闭线框能使文章块可识性加强，从而形成图，并使封闭线框外部成为地。这也是报纸重头文章周围的内容不易为人注意的原因。

3. 线可以调整版面，达到统一的效果

线可以把同类新闻归在一起，而使版面显得有条有理。

目前，中国报业在信息量上正在迅速地向国际主流媒体靠拢，其大信息量的特点使这种"技法"大有用武之地。

【案例二】《楚天都市报·经济生活》版面版式设计

当前的《楚天都市报》，一般每版文章在10篇上下，如果不加以归类整理，整个版面就会显得杂乱无章，因此，版式设计中的分类原则、邻近合并原则在这里显得尤为重要。而用线条加以归类则是"调理"的好办法之一。

图专3-4所示的为2006年4月2日《楚天都市报·经济生活》版面。本版编发了一组与汽车有关的稿件，版面编辑在版式设计时，将这些稿件作了统一加框、加虚线的分隔处理，整个版面整体感较好。

主持人提示：

在线的运用上应该注意，文章间界线不明的地方需要加线给予区分，但有些文章由于走文等原因已经界线分明，如果不加区分地统统加线处理，那么整个版面就会显得杂乱，没有主次轻重，令人生厌。

4. 线的粗细、疏密安排产生空间感、节奏感

文章的长短变化，使区分它的线产生了疏与密的变化，线条密集的地方（小块文章密集的地方）显得热闹、紧凑；线条较少的地方（摆放大块文章的地方）显得自在、宽松。粗线条与细线

楚天都市报　经济生活　2006.4.2 星期日　3

新规结伴　跟"车"出发

关键词：货车计重收费

货车昨起按"体重"收费

一车辆超载近一倍，交费多六倍

关键词：的士开收燃油附加费

打的多付5角　多数市民坦然

数万市民上街问"税"

关键词：消费税调整

大排量汽车涨价

关键词："限小"令解除

小排量车逢春待暖

太行巨石装扮江城

138处违法户外广告

上半年限期拆除

红黄蓝绿紫：五色线护起我们的家

保护线内建设将受严格控制

图专3-4

条交替变化出现，会使版面产生节奏感。

《楚天都市报》由于文章大多短小，版面容量密集，粗线条就不能运用得过多，否则会使整个版面显得紧促、僵硬。以细线为主，辅以粗线会使版面更美观，更具有弹性。粗线也不能过于集中，应在版面上形成呼应效果。

图专3-1中共用了两细一粗三根单线，以及粗细相同，但深浅不同的两个封闭线框形成呼应，版面富于节奏。

5. 线本身还具有装饰作用

版式设计中，各种各样的线型会产生不同的形态与风格，熟练掌握这些线型，在实际操作中会产生事半功倍的效果。

不同的线具有不同的性格：细线纤细、干净；粗线粗犷、朴素；文武线庄重、有力；波纹线活泼、生动；点线平实安静、轻描淡写；花边线则充满戏剧效果。各种各样的线如果根据文章内容的特点加以搭配，会显得形式与内容各尽其用、浑然一体，新闻的传达效率也会因此得到提高。

【案例三】《楚天都市报·体育新闻》版面版式设计

图专3-5所示的是《楚天都市报》2004年10月2日的《体育新闻》版面，我们可以从这个版面的用线来了解线的一些基本应用。

根据读者问卷调查，体育新闻的读者以中青年男性为主体，这个信息让版式设计人员有了最基本的定位：风格粗犷、简朴有力。

文武线外框：从《楚天都市报》创刊第一天起，体育版的文武线外框就存在了，至今从未改变过，本版也不例外。其目的就是让整个版面显得有力。

灰色粗线：本版灰色粗线横亘版面中心地带，用以区分上下内容。上半部分内容属湖北以外的中国足球新闻，有两个专题，上左三篇是有关足球界"赌球"内容的文章，上右两篇是国青队的内容。被灰色粗线分隔的下半部分三篇稿件，全是武汉队备战联赛的内容。

小常识：体育版之所以没用黑色粗线，是因为报纸广告一般都被通栏放置在下半部分，与新闻稿件有明显的区分。如果版心横线太过粗黑，易被读者误认为横线下面的部分是广告。

黑色细线：其作用是在已大致划归一类的内容中，再细分出更精确的归属组。因为线条纤细不惹眼，因此不会给两大部分的版式主调造成混乱。

点线：分隔每组的各篇文章。点线在版面中非常"安静"，即使分隔小块文章，也不会显得杂乱。在这个版式里，它用来分隔最基本的每篇文章。

18 2004.10.2 星期六 体育新闻 电话：86770179 E-mail:cttyb@sohu.com 楚天都市报

"赌球"传闻满天飞 辽足开始揪"内鬼"

足球界人士揪"鬼"可能不了了之

球迷心灰意冷

国青明战大马

马队失去中场核心

长春亚泰夜抵江城

陈金刚给自己"减压"

天龙黄鹤楼喊"腰疼"

湖北鄂州中医血管瘤专科医院

本院以中医中药为主、专治血管瘤疾病，并研制出内服、外敷等系列药物，结合现代医学非手术治疗方法，已治疗众多各种类型的血管瘤患者，充分体现出本院专病专治的特点。

十月组织大型名医组诊疗

活动详情：治疗血管瘤药物发明人、血管瘤治疗名医汗文杰组织医疗组坐诊

治疗范围：婴幼儿血管瘤（草莓状血管瘤、毛细血管瘤、鲜红斑痣）
体表血管瘤（海绵状血管瘤、蔓状血管瘤、弥漫性血管瘤）
内脏血管瘤（肝血管瘤、脑血管瘤）血管瘤疾病

地址：鄂州市东塔路10号 联系电话：0711-3867272 3873094 网址：http://www.xglyy.com

图专3-5

主持人提示：

应该说，线在版面中是被动形成的，但这并不是说线只能"疲于奔命"。文字内容的主导性，使线在调节版面节奏上，成为除图片外最具灵活性的因素，成为报纸版式设计中的灵魂。

节奏，是一个有秩序的进程，它提供有规律的格局和步调。通过"线"建立起一定的节奏，我们就能够预见它的连续性。正如好的音乐，保持了节奏，我们就会感到愉快，优秀的版式设计必然要涉及版面的节奏问题。节奏的把握能力也是衡量版式设计人员综合素质的重要方面。

但把握节奏又是一个非常具有难度的问题，因为它是抽象的，在理解和判断上存在不确定性。因此，它的传达也难以有固定的、唯一的标准。但这也不是说把握节奏就无从下手，我们至少可以知道形成节奏的一些基本方法。

■ 重复形成节奏。节奏最简单的形式，是某一短形要素的间隔重复出现。在版式设计中，同一种线型反复出现会形成节奏。

16 娱乐新闻 楚天都市报 娱乐新闻 17

皱纹爬上了帅哥的脸

胡兵：我不是一个爱炒作的人

图专3-6

■ 交替形成节奏。交替出现的重复所形成的节奏具有多样性。在版式设计中，线条的不同粗细、方向、形态、色调等的变化都有助于减少简单重复产生的单调感。

【案例四】《楚天都市报·娱乐新闻》版面版式设计

报纸的不同版面都有各自针对的人群，读者层面不同，版式设计者也应有不同的处理方式。

《楚天都市报》每隔一段时间就会做一次有奖问卷调查，以便掌握读者的阅读层面和阅读心理等因素，使办报更有针对性。版式设计者也可以从这个调查结果中获得帮助。比如历年调查显示，娱乐新闻的读者基本以年轻女士为主。针对这样一个阅读人群，版式设计者定下了活泼、花哨的设计基调。如图专3-6所示，这是《楚天都市报》2004年10月30日的娱乐新闻。

6. 设计难点分析

从流程看，版式设计人员在规定发稿时间到来时，会拿到文字编辑的文章和配图，以及广告版面占版情况。图专3-6所示的设计难度在于这是一个两版合一版的所谓“连版”，而且广告已经占据了下面一半的版面，留给版式设计人员的是一个个不规则的“横条”，这种版面“天生散乱”，很难统一为一个整体。如果设计元素投入过多，则会更显杂乱。

本版设计者找到了一个极佳的方案：在版面上投放三组曲线，每组曲线粗细不同、色彩不一，但又形态近似。加之三组曲线间存在方向上的趋近性，因此这“横条”版面的8篇文章和5幅图片最终有机地组合在了一起，既简洁统一又动感十足。这个版面集中体现了设计者对线的把握和对平面构成的深刻理解。

主持人语：

报纸版式设计，起码可以分为三个层次。

第一个层次，能把责任编辑发上版的文字、图片稿件“拢”到规定的版面内，既不多出来、也不“开天窗”，这是最基本的要求。一个新手，只需一周训练便能达到这个要求。

第二个层次，从“排拢”到美观，这是“菜鸟”成为合格版式设计人员的必由之路。艺术设计专业毕业的学生，将版面做到美观应该不用太长时间，但若要达到熟练，则尚需半年至一年的工作磨炼。

第三个层次，能够根据版内文章的内容，以及读者心理，设计出具有针对性、符合特定读者阅读心理的版式。想达到此种境界，审美能力与工作历练都很重要，但最关键的还是要用心。在读懂每一篇稿件的内容、琢磨透读者的阅读心理后，才能达到此境界。其实，能达到这种境界的版式设计人员，在每个报社都不是多数，他们都是报社的“台柱子”，即使在人才过剩的今天，他们也不会有下岗之忧。

近年来，随着报业的竞争和发展，版式设计也逐渐被重视起来。很多报社都有了自己的版式总监，以便统筹整张报纸的版面风格。版式设计人员也由原来的“业余选手”逐渐被艺术设计专业毕业的“职业选手”所取代，报纸也随之越变越漂亮。但是作为艺术设计门类中的一个科属，版式设计有着自己的“服务对象”，它不能脱离设计内容单独存在。由于提供给报纸版式设计人员可调度的元素并不多，报版设计——特别是新闻版的版式设计，往往就是点、线、面这些最基本的平面构成元素。如何在工作中将这些简单元素搭配好并有所创新，达到“台柱子”的境界，还需要多分析、多实践。

附录

栏目主持人介绍：

1997年获湖北省新闻奖新闻美术三等奖（插图设计《深圳:精神病高发区》）。

1999年获湖北省新闻奖新闻美术一等奖（版式设计《消费指南》）。

2000年获湖北省新闻奖新闻美术三等奖（版式设计《服饰》）。

专题四

时尚杂志的编排设计

栏目主持：青岛大学美术学院讲师　黄钺
《瑞丽·伊人风尚》杂志美术编辑　李　燕

现代生活中，杂志成为人们了解信息和休闲娱乐不可或缺的读物。它种类繁多，目前国内上市约有800多种，诸如商业类、时尚类、直投类、相关专业类杂志等。最具代表性的当属时尚类杂志，在这里，时尚类杂志将作为我们主要介绍的对象。

每种时尚类杂志都有其特有的市场定位及风格特征，这直接影响和制约着杂志的设计面貌。可以说杂志的版式设计就是为了更好地突出杂志的定位和风格，使杂志在美观的基础上更快更好地传递信息。

纵观国内一些知名的杂志，它们都有其自身的特点：张扬野性的《ELLE》、大气品位的《时尚》、实用新潮的《瑞丽》、另类个性的《视觉》。不同的杂志编排设计主导思路是不相同的，但无论是服饰类杂志还是家居类杂志，在版式设计上仍是万变不离其宗、有迹可循的。

■ 杂志的编排设计不能仅以设计人员的自我喜好来进行，编排既要有自己的艺术追求，也要符合杂志的整体风格，最终目的是引领潮流和便于读者阅读。

■ 一般杂志都为月刊，一年共有12期，根据每期主题的不同，制定相应的主打色和辅助色。在设计具体稿件时，根据稿件图片的颜色或文字提示，将主打色或辅助色进行明度、纯度和色相的变化，使杂志的整体色彩在年度的统一中求变化。

■ 每种相对成熟的杂志都有着严格清晰的设计技术规范，即杂志的各级标题及正文的字体、字号等都要有统一的规定。

根据功能的不同，将文字分为大小不同的级别，当然这种分级不能永无止境，文字的层次多了会使杂志显得杂乱，最好提炼为三至四级。

杂志的主标题要采用稳定的字体，一至两种固定字体就足够了。因为一本杂志分为几个版块，而每个版块又由多篇稿件组成，所以主标题在设计时，一方面是起到引领稿件的作用，一方面就是将这些不相关的稿件串联起来，使之统一，从而形成一本书。

当然，设计也是相辅相成，同中求异的。不同的稿件有不同的特点，根据各自的特点需要在细节和元素的版式设计上有所不同，要各有千秋，并尽力使之成为稿件的点睛之处。

主持人提示：

在介绍分析具体案例之前，强调一点杂志设计人员容易忽视的问题。

当美术编辑拿到一篇稿件的时候，不要先急于下手进行版式编排，而要将整篇稿件的文字通读一遍，图片浏览一遍，理清文章的主题、大意和层次，提炼出稿件特殊设计的部分，根据稿件的主题来展开创意及细节方面的设计。这样在编排设计时会更加自然顺畅、游刃有余，做到有的放矢。

因此，根据版式设计原理对文本及图片进行分析及分类，找出中心内容，这些都是版式设计的前奏，不可忽视。

下面通过分析日本版的《Ving taine》服饰类杂志和英国版的《Living etc》家居类杂志这两个案例，让大家更清晰地知道版式设计在不同类型杂志上的运用。

【案例一】服饰类杂志的编排设计

日本杂志的设计具有明显的东方风格，其内容相比欧美杂志更实用、更贴近大众读者的生活。事实证明，实用性杂志的发行量远远高于欣赏性杂志的发行量，而大的发行量即是商业性杂志办刊的目的。

服饰类杂志的版块设置一般为：潮流单品页、服装版、美容版、生活方式版。其中服装服饰版块是服装类杂志的旗舰版块，占整本杂志的60%，甚至更多。

图专4-1

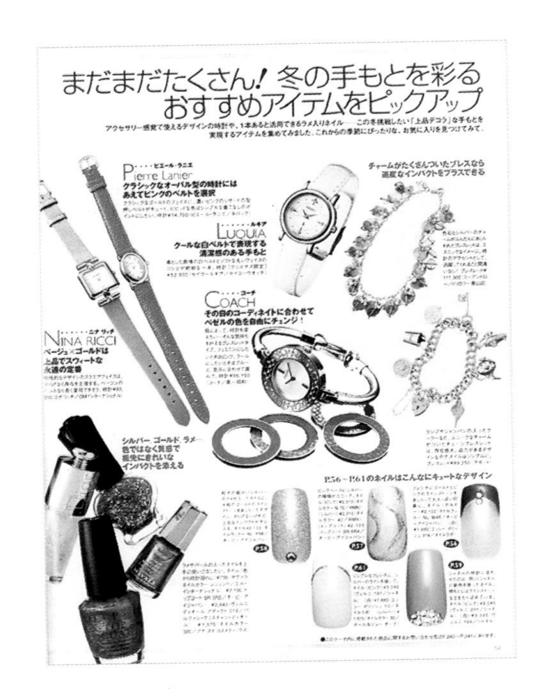

图专4-2

《Ving taine》是日本比较知名的时尚服饰类杂志，其读者定位为年轻的都市女性，也广受中国女性读者的喜爱，它有着明显的日本杂志风格——设计元素多、细节处理到位。

我们具体地分析一下《Ving taine》杂志中的一个实例。

■ 这是一篇讲腕表搭配的稿子。图专4-1所示的是服饰版块中结构比较有代表性的——双起单结、前整后碎的结构。前两跨是出血大片，烘托整体气氛，体现整体服装服饰的搭配，带有欣赏成分；第三、四跨，由一张大片带多张细节图，体现不同腕表与不同饰品、指甲的搭配。图专4-2所示的是最后一页，用杂志惯用的单品形式出现，产品种类细碎繁多，充分体现商品的实用价值。

■ 开篇标题的设计用了醒目的黑体字，这也是《Ving taine》杂志的规范统一字体。

为使整个跨页图片更加完整，标题设计在下面，这样能带起整个跨页的分量，右页标题采用彩色字，这样既起到特殊提示作用，也使色彩在整个版面上有所呼应。

导语根据人物的动态安排在左页，在标题上方距标题不远，形成标语与导语的整体感，图片说明性文字设计在整个跨页的上部。开篇由主到次、由下到上，阅读时的信息等级非常明确。

主持人提示：

由于人物动态或构图的需要而引起的画面空白部分，是安排标题和说明性文字的有效位置。

在这篇稿件中，每张图片的说明性文字的层次设计明确简洁，醒目的二级标题与同一级的关键词用色条来贯穿始终。

在杂志的编排设计中标题的等级观念是很强的，不同等级的标题文字可以划分版面的区域，引领说明性文字形成面的关系。

■ 整个稿子唯一的特殊设计就是虚线点有机结合腕表的英文品牌，将英文字母和虚线点做大小和色彩的变化，没有多余的设计语言，这样清晰自然，易抓住读者的视线，便于阅读，充分体现了装饰语言的功能性。

■ 这篇稿子的前四跨都是方块图，没有变化，所以在元素细节设计时采用了圆点的虚线。圆点具有跳跃感，用来增加版面的活泼性，不显呆板。最后一页是抠图单品，与前面几页相比显得薄弱、纤细。设计编排时有意识地增加色底，以此加强分量感。但这种色底也是有讲究的，运用了圆点底，这样同英文品牌上设计的圆点虚线呼应，统一了整个稿件的设计语言。

■ 此稿用了深桃红色作点缀，和当期杂志的主色系有关。

主持人提示：

采用一种色彩并且小面积运用，是为了不抢图片，遵循“图片第一”的宗旨，这也是任何一本成熟杂志设计要遵循的原则。

【案例二】家居类杂志的编排设计

家居类我们选用了欧美风格的杂志，英国版的《Living etc》，这本杂志风格优雅时尚，相对其他欧美家居类杂志的中性化，它的总体设计大气、用色柔和，版面精致温馨，是国内家居类杂志设计学习的典范。

家居类杂志的版块设置一般为：潮流单品页、风格搭配版、人家版、购物指导版。风格搭配版块最能展现杂志的品位，也是读者最喜爱的版块，它能让读者从中找到许多家居装饰的灵感。

《Living etc》杂志的版式设计，图片多采用方块图，不细碎，整体感强。在设计语言上多使用色底、透明色底的叠加、图片间的叠加、透明色底和图片间的叠加等方式。

下面具体分析一下《Living etc》杂志中的一个实例。

■ 图专4-3所示的是典型的家居版式——大气的跨页场景出血图，加几张小细节的局部图。版式的编排结构明确统一，大小图的左右摆放有节奏感。

■ 开篇一张满出血的大图和两张并列小图跨页排列，右页大面积的留白，与色彩丰富的图片内容形成了很好的疏密对比关系，主标题选用勾边镂空字体，字体虽然很大但并不会显得突兀。右上角形成方块形的灰色导语，在外形和用色上都起到了与两张并列图片相呼应的作用，使两张小图片看起来不显孤立。

主持人提示：

在杂志的同一版面出现一张出血大片和几张小图片是经常遇到的情况，在设计时应注意如何使大小图片互相协调，彼此呼应且不显孤立。整跨设计应保持画面的平衡关系，密集的说明文字和色底的运用可以加强小图片在一版的分量。

■ 后三跨稿件延续了开篇大小图结合的结构形式，整体版式相对固定。文章的开始第一个字母沿用了开篇标题的字体——勾边镂空字体，使文字设计相互呼应。文章内需要突出的语句用粉色字加以强调，在突出文字的同时也避免了读者在阅读大段文字时容易产生的视觉疲劳感；图片说明性文字则采用正文一半栏宽的两栏处理，统一中又有变化，是一种很好的细节处理方式；Tips类的提示文字则用一个灰粉色块作为底色。这样使全文三个级别的文字都一目了然。

■ 全篇的色彩采用了黑、白、灰及从图片色彩中提取的灰粉色，恰到好处地使图片的色彩得到了延伸，使图文交相呼应，整个版面清爽自然，通透感强。

主持人提示：

图片本身的色彩丰富，各级标题及说明性文字应沿用图片已有的颜色进行搭配，既保持色调的统一，又保持画面的统一。

图专4-4所示的是给同学们提供的一个案例，请大家尝试着用网格结构线把版式特征分析出来。

主持人语：

在杂志的编排设计中，应建立全局观念，宏观地安排图片与文字，不要被细节所拖累，充分利用版式设计的基础知识，把点、线、面的观点引入设计。在学习优秀的版式设计作品中提高自己，在大量的设计实践中积累经验。

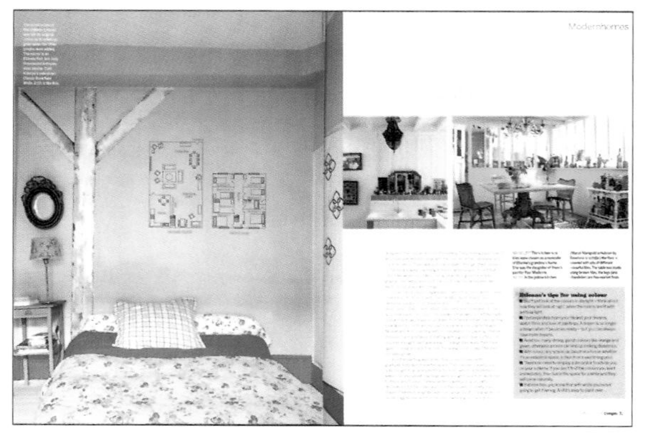

图专4-3

图专4-4

专题五

大型商场视觉导向系统中的版式设计

栏目主持：青岛大学美术学院讲师　黄钺
图片摄影　李江

购物消费是人们生活不可或缺的环节。随着社会的发展，人们的消费方式发生了巨大的变化，商场和超市越来越向综合型、超大型的方向发展，为人们的购物提供了全方位、立体化的服务。由于这些大型购物商场内部是一个相对独立的复杂环境，顾客走进这样一个庞大的购物空间，对于方向、位置的辨别相对陌生，就需要导向系统为人们指引方位。如果导向系统建立得不够完善，消费者极有可能要多花时间、走弯路去寻找目标位置。我们常常在大型商场里，看见许多找不到目标的消费者向销售人员询问：交款在哪儿？直达电梯在哪儿？卫生间在哪儿？××品牌在哪儿？总服务台在哪儿？等等。现今，零售业的竞争正日趋激烈，为消费者创造一个人性化的购物环境正逐渐成为管理层追求的目标。对于大型商场导向系统的设计而言，如何能在短时间内使消费者迅速获取方位信息，同时赋予建筑物和购物场地以独特的视觉识别性，在视觉整体设计环节中显得尤为重要。本栏目以青岛这一国际化大都市的大型购物商场为例（见图专5-1），从版式设计的角度，分析功能强大的导向系统如何处理复杂多变的信息，使其完成传达的准确性。

图专5-1　青岛海信广场一楼大厅

首先我们来了解一下什么是导向？导向是指从一个熟悉的地方出发去寻找另一个地方。延伸这个概念就是指从一个区域、一个空间、一个环境中找到出路。大型购物商场导向系统指的就是表现商场功能区域和空间结构的环境信息，包括导购图、指示牌、地面标记等。一套恰到好处的导向系统应该是内敛的，它能在人们需要的时候随叫随到，及时、准确地传达信息，或者不动声色地在一旁待命，丝毫不干扰到消费者的视线。因此，导向系统设计在于设身处地地为人考虑，只有通过合理而清晰的版式设计，才能使庞杂的信息一目了然（见图专5-2）。

图专5-2　青岛阳光百货导向设计

1. 导向系统的版式设计一般应遵循的原则

简洁性：导向编排应该有明显的分栏，使各种信息安排有序，简单明了。

易识别性：标识信息应醒目、清晰，易于被识别，便于消费者准确地理解信息，了解自己的当前位置，并能快速找到自己想去的购物点。

连续性：保持导向在版式设计上延续统一的风格。同类别或同一个目标位置的标识应具有一致性，包括颜色、字体、规格等，使消费者在识别过程中产生认知同一感。

规范性：商场导向系统的版式设计应纳入经营企业的CIS（企业形象识别）系统，与商场的整体视觉形象相一致，而且在导向的版式中应强调这一特征，使导向不但醒目而且统一，还有助于企业VI形象的推广。

主持人提示：

设计时，应针对不同的地点和位置灵活运用版式设计原则。要切记有效信息的传达须经过视觉简化后的设计才能实现，因此，有必要去除多余的信息，使消费者不受与其无关信息的干扰，以达到快捷识别的目的。

同时，应在购物环境中的每一个交叉路口或消费者容易迷失的位置连续作出标识。千万别小看这种形式上的重复与延续，它却加强了消费者的认知和记忆。

2. 商场导向系统中的文字编排

当你走进商场，阅读大厅的主信息指示牌时，你会发现，要想能清晰而详细地呈现出所有区域的相关信息，指示牌中文字的高度一般应在15～25 mm之间最为适宜，为什么呢？因为，当人们站在主信息指示牌前阅读信息时，不但离指示牌很近，而且相对静止，这种情况下可以选择小号字体。图专5-3所示的是青岛海信广场大厅一角的鸟瞰图，图专5-4所示的是进入大厅内部入口处的主信息指示牌。

而对于每一楼层不同功能的信息指示牌，设计时字体应有所不同，因为，逛商场乐在“逛”，消费者就需要在行走中随时获取信息，因此，针对不同的阅读距离，导向的字体设计应有所变化，当阅读距离在2～3 m之间时，字体设计的高度宜在35～45 mm之间比较合适；当阅读距离在5~10 m之间时，字体设计的高度宜在100～150 mm之间。近距离信息搜索时可以相应地减小字号。而远距离获取信息时则需要相应地增大字号，因为这时人大都处在运动状态。同时，还须注意，当字体大小发生变化时，字间距与行距也要做相应的调整，一般最小行距不得小于15 mm，以确保字体在各种情况下的可读性。图专5-5所示的是收银台标识，较大的尺寸非常适合远距离获取信息，消费者在较远的位置或行走的过程中就可以看到。

图专5-3　青岛海信广场大厅一角

图专5-4　青岛海信广场一楼入口处

图专5-5　青岛海信广场收银台

在选择字体造型时，我们常常会遇到这种情况：面对许多种字体，选择时无所适从。字体设置并非随心所欲，而应遵循一定的原则，那就是，它们的造型须简练，易于识别。选择一款合适的字体需要考虑到多方面的因素，诸如哪款字体能够配合购物环境的建筑装饰风格？哪款字体可以体现公司的形象？为什么这款字体适用于该导向系统？它在哪些方面及在多大程度上适合？一般来说，往往有特点的字体不一定适用于导向系统，因为独特的外形无法确保字体的可读性。因此，设计时应该与购物商场的建筑空间形态及与企业的CIS系统很好地结合，清晰的视觉语言可以充分发挥其传达信息的功能。在此，字体宜使用无装饰的粗体，因为强有力的粗线条可以从色彩鲜艳的背景或者“嘈杂”的视觉环境中脱颖而出。当然，纤细的字体在导向系统中也可以发挥它的造型特点，要学会灵活运用字体的大小和粗细来表现信息的层级关系。

主持人提示：

以上所提及的选择文字大小的原则并非是一成不变的，设计时还需要根据字体本身的造型来决定，通常来说，将文字按照1：1的比例打印在纸上，并从实际阅读的距离观察，这是检验字体大小是否合适的最佳方法。

字体色彩理想的处理方式是：在鲜艳的背景上使用白色文字，在浅色背景上使用黑色文字。在彩色的背景上使用彩色文字，它的视觉效果过于张

杨，一定要慎重。在多数情况下，彩色文字的表现力不及黑色和白色文字。

【案例一】商场总体布局导向的编排设计（固定在地面的主信息指示牌）

在商场的入口处都会有醒目的导向设施，用来传递商场总体的位置信息。导向信息是一张信息最全、综合性最高的“地图”，包括每层楼、每个区域的销售范围和品牌。

图专5-6所示的是青岛阳光百货入口的导向牌，在这张非常详细的导向地图中，标注出了整个商场的全貌，消费者可以通过阅读，确定自己所需购买商品所处的方位。

长方形的导向牌呈45°角倾斜放置，符合人体工学，适合人的观看习惯。

导向牌的编排网格将信息类别划分得非常分明，横向为3行，纵向为5列。第一行是商场的楼层编号；第二行是各楼层平面地图及各品牌的具体名称；第三行是本楼层主要经营范围的文字说明。纵观其版式设计，网格分区整齐且变化较少，消费者能在极短的时间内对购物商场的整体信息一目了然。

主持人提示：

商场总体布局的导向不仅仅只有一处，而是在重要通道及人流量大的位置都会摆放，编排的形式要根据标识牌的位置、尺寸作出相应的调整和变化。

图专5-7所示的是青岛海信广场商场3楼的信息指示牌，呈立式。在导向牌的最上方区域只有一个字母i，是英文“information”（信息）的首写字母，字体较大，清晰明显。紧随其后的是本楼层的平面图，在编排上以图形为主，文字说明为辅。图下方是各楼层的主要信息，分别通过文字来表述各楼层的经营范围，版式从左至右通过三种不同大小的字体，将视觉导向层次分明的信息架构中：大号字体代表楼层的编码，中号字体代表经营范围的信息，小号字体解释标识信息。醒目的色彩用以表示所处楼层。最下方一行是提示信息，包括禁止拍照、禁止携带宠物和禁止吸烟的标识。

图专5-6　青岛阳光百货入口导向设计牌

图专5-7　青岛海信广场楼层导向设计牌

【案例二】悬挂式信息指示牌的编排设计（各类提示信息）

悬挂式信息指示牌多设置在自动扶梯、电梯、卫生间、收银台等上方作导向牌，长宽比例均按一定规格保持一致。在不同的位置和楼层，还可根据信息内容在同一版式规格里自由增减，以起到特定的指示效果。

图专5-8所示的是悬挂在电梯口的信息指示牌，编排元素以中文和英文作为主体，内容为楼层的主要经营范围，方便消费者在乘坐电梯时及时获取相关信息。

图专5-9所示的是同一规格的指示牌的不同信息量的表现形式。在版式设计中，位于指示牌左右用以指示方向的箭头与指示牌的外框距离保持一致，在图专5-9上图中，当信息较少时，采用了中间留出空白空间的编排形式，使版面轻松且具有延展感；在图专5-9下图中，需要传递的信息较多，由于规格的统一，使信息呈现并不杂乱，而是很有序地排列在一起。

主持人提示：

导向系统中的图形标识设计应符合国家或国际标准，并尽量与人们已有的概念、认识、习惯相一致。同时也要遵循商场的CIS系统，使标识的设计独具个性，不流于俗套。设计师必须考虑到导向系统中的色彩规划应与大型商场购物空间的环境、格调相协调。

【案例三】固定在墙面的信息指示牌编排设计

墙面信息指示牌是一种非常节省空间的导向工具。它所放置的环境一般是在购物商场人流量较大的地方，如卫生间门口，升降电梯旁等。

图专5-10所示的是位于卫生间旁边墙体上的灯箱式信息指示牌，借助灯光引起顾客的注意，增强了信息的瞬间识别性，使导向更具时尚性。版式采用图文结合，上部分为本楼层的地图分布图，下部分主要是文字说明。值得一提的是，设计师把图专5-10中导向设计的地图制作成立体浮雕带透视效果（见图专5-11），方便消费者直观识别，对方位的传达更为有效；图中的关键部位用图标标示，清晰明确；商品区域则用弱对比的颜色表示，并在下方文字说明中有详细的解释，消费者可以对号入座，查找起来非常方便。

文字编排的分栏十分清晰，为纵向三列。在每一列中，位置与品牌名称相互对应，文字编排采用两端对齐的方式，在视觉上形成完整的区域板块，点（标识）与线（品牌归类）穿插于其中，使版式更富于变化，信息分类更为清楚。

主持人提示：

在一些交叉路口、直达电梯旁边，还可以放置一些能够随手取到的小导购图，便于顾客拿在手中随时查询。这不仅让消费者方便了解该商场的整体布局，还可以引导消费者按照某种路线浏览，减少人流之间的冲撞。

主持人语：

大型购物商场导向系统不仅仅是简单的信息指示牌，在设计师的精心打造下，数字、符号和文字都可以为数量庞大的人群在尽量短的时间内提供一目了然的信息。

一套较完善的大型商场视觉导向系统，应该能够让消费者了解整个商场的结构布局，知道他们身在何处，并且知道去往何处，这样，消费者才能够在商场中轻松购物。

图专5-8　青岛阳光百货悬挂导向设计

图专5-9　青岛海信广场悬挂导向设计

图专5-10　青岛海信广场墙面导向设计

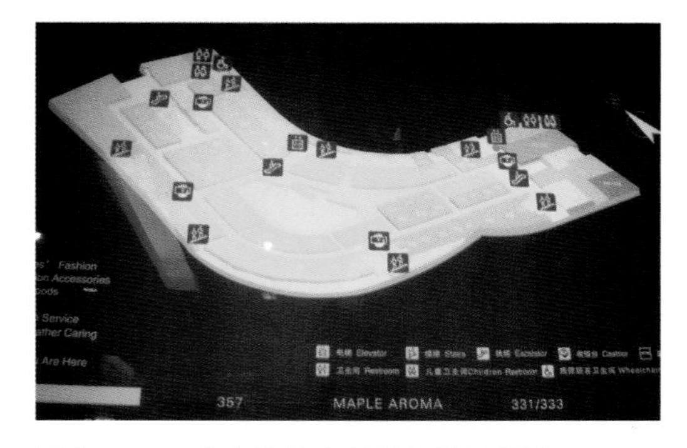

图专5-11　青岛海信广场导向地图设计

参考文献

[德] 安德烈亚斯·于贝勒.导向系统设计[M].北京：中国青年出版社，2008.

专题六

网页的版式设计

栏目主持：武汉理工大学艺术设计学院副教授　熊文飞

网络信息传播的方便快捷，使得网络成为我们生活中另一种获取信息的重要来源，这一点从国内网站和中文网页数量的剧增就能看出来。2004年，国内网站的数量达到60万，全球中文网页总数也达到6.5亿，包括企业网站、商业服务网站、个人时尚网站等诸多类别，其中企业类网站数量占据比例最大。值得一提的是，商业服务网站数量比例不足10%，但却达到30%的浏览总量。因此，本专题将把企业类和商业类网站作为重点来进行分析。

网站就是将网页按照一定的结构关系组合而成的整体，网页和网站的关系就类似于书本单一页面和书之间的关系。对于不同类别的网站，网页的版式风格、色彩搭配都有所不同，设计时需要和网站的整体风格保持一致，最终达到更快更合理地传达信息的目的。

在网页版式设计方面，我们必须把握其有别于报纸、杂志的特点：①网页有互动性的存在；②网页有动画元素和声音元素的存在；③网页的内容需要随时更新。

为了更好地理解网页的版式设计，先了解一下有关网站的基础知识。

1. 网站的主题——决定网站设计风格的关键

常见的网站主题有新闻媒体、娱乐休闲（游戏、电影、音乐）、科技与网络、体育运动、工商与经济、教育与就业、旅游交通、文学与艺术、交友与聊天、影视动漫、生活时尚（电邮、医药健康、汽车、美容、购物）等。即使是同类网站，主题也有可能不同，设计的风格也会随之变化。

采用哪种版式风格，设计者不能想当然。不同的网站主题对网页版式设计的要求不同，要依据建立该网站的目的、网站能提供什么样的产品服务、网站的目标受众、受众的特点等一系列定位来决定。比如商业服务类网页的平易近人（见图专6-1）、体育运动类网页的生动活泼（见图专6-2）、科技类网页的严谨周密（见图专6-3）都是根据网站的个性特点进行版式设计的。

主持人提示：

只讲花哨的表现形式而脱离内容，只重视网页的设计感而淡化信息传达，这样的设计反而会削弱网页主题的诉求效果，是不可取的。

要记住版式始终应为内容服务，设计者只有深入领会主题精神，认真分析信息内容，再融汇自己的思想，才能找到一个较完美的表现方式，从而体现出网站的分量和价值。

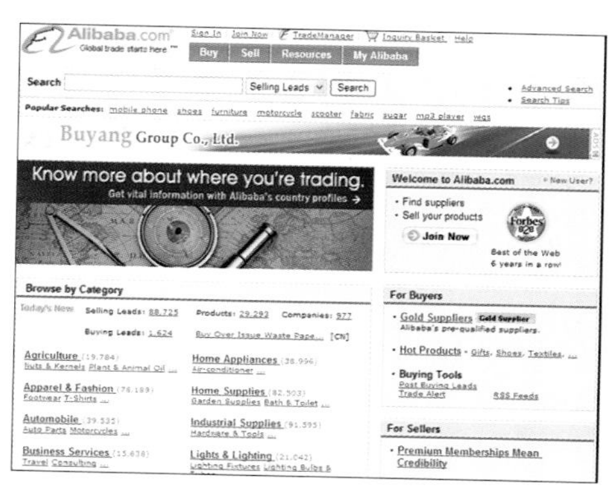

图专6-1

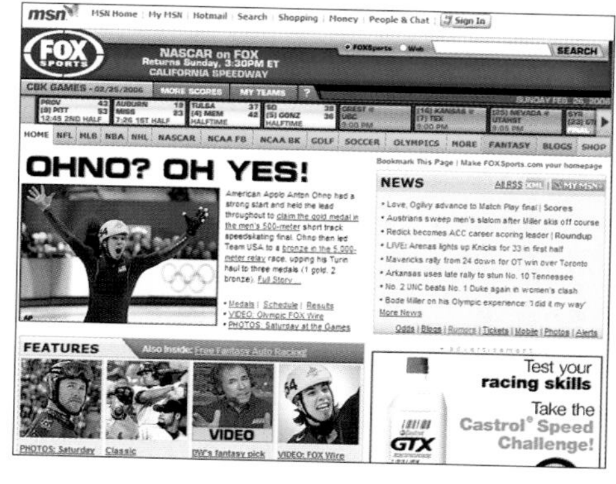

图专6-2

图专6-3

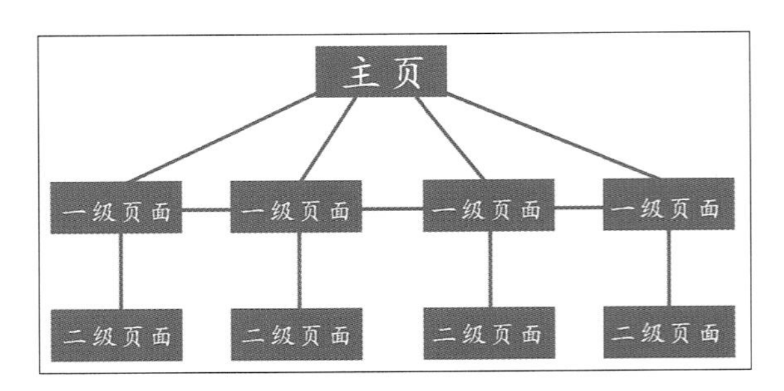

图专6-4

2. 网站的结构

网站一般由主页和栏目页组合而成，图专6-4所示的是最常见的网站结构形式，其特点是一级栏目的页面之间相互链接；二级页面只与所直属的一级页面相链接，同级彼此之间并不链接。这样的结构使得信息分类和栏目归属清晰，浏览者不容易“迷路”，浏览效率很高。

3. 网页布局表格

网页页面包含五个布局表格（见图专6-5），这些布局表格的位置、形状、大小、色彩不定，根据设计需要可灵活变动。同时，每一个内容的布局表格还可再分割成更小的表格，称为布局单元格，这些布局单元格可根据设计的需要而拥有自己的标题、边框线和色彩（见图专6-6）。

① 页眉布局表格：用来放置网站中最希望人们看到的内容，比如网站宣传广告、近期热门活动等。一般占据整个页面顶部，通常采用动画的形式表现。

② logo布局表格：包括logo和网站的名称，常放在显眼的地方，比如页面左上角。

③ 导航布局表格：用来引导浏览者快速获取所需信息的区域。通常网站的主要栏目即一级页面的链接按钮都放在这里。

④ 内容布局表格：页面里面给浏览者提供主要信息的区域。由于信息量巨大，往往会把内容布局表格再分割为若干布局单元格（见图专6-6），以便区分不同类别的信息，节约浏览者查找信息的时间。布局单元格及单元格标题和边框线都将是帮助布局的好工具。

⑤ 页脚布局表格：显示网站相关版权和联系方式等信息。

主持人提示：

网页的互动性使其承载了比书籍、杂志更为复杂而巨大的信息量，这也使得网页的版式设计最为重要的任务就是合理安排各个布局表格的位置、大小、形状、色彩等，因为布局表格的作用就是有效地区别和归类信息，便于信息的浏览和查找。所以，实际网页设计的过程中，我们往往会把基本布局内的每个区块做更为细致的分割。

下面通过三个案例来了解一下网页版式设计的一些规律。

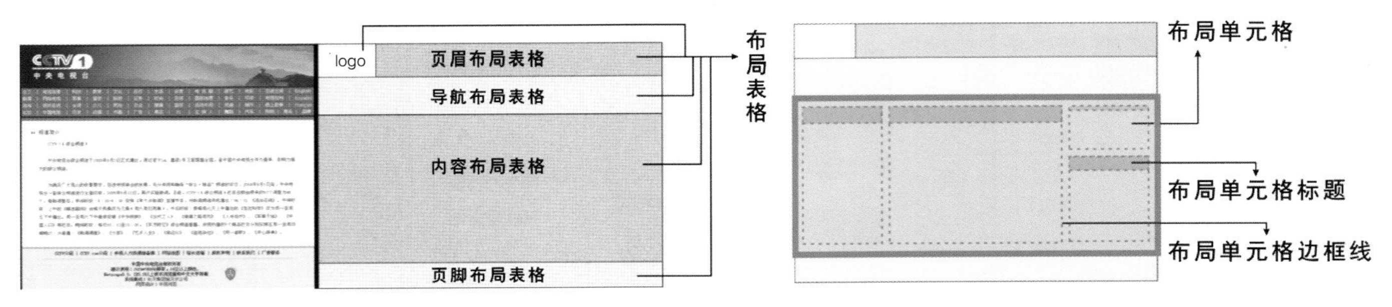

图专6-5　图专6-6

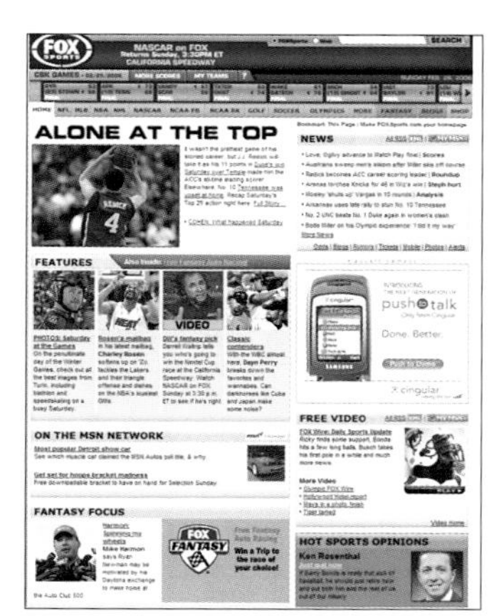

图专6-7

logo 页眉区
导航区
内容区

图专6-8

logo 页眉区
导航区
头条新闻 实时新闻
图片特写 分栏 广告
msn网络 免费视频
想象焦点 热点体育评论

图专6-9

logo 页眉区
导航区
头条新闻 实时新闻
图片特写 广告
msn网络 免费视频
想象焦点 热点体育评论

图专6-10

【案例一】商业网站网页版面布局

商业网站往往信息内容庞大，浏览群体复杂且喜好各异，所以商业网站的色彩和设计风格要尽量贴近主题和受众需求，科学地安排布局表格和布局单元格。

■ 布局单元格

我们来分析一下图专6-7所示的msn Foxsport体育运动网站主页的布局设计。由于其网站提供的新闻信息十分丰富，于是设计者在基本布局表格（见图专6-8）的基础上，首先要将内容区进行纵向两列大的分割（见图专6-9），左列较宽，安排关注率高的热点新闻，右列较窄，安排实时新闻、广告、体育评论等辅助内容，这样就避免了浏览者花时间到处寻找信息。接下来，设计师把内容区再进行横向分割，保证浏览者一进入页面就能首先看到重点内容（见图专6-9），至此，大的版式布局基本安排完毕，信息也就科学地进行分类了。但是问题又接踵而至：如何才能吸引浏览者关注更多的板块呢？大家都知道这一点对于商业网站是至关重要的。于是，设计师选择了为布局单元格填充不同明度或纯度的色彩的做法（见图专6-10），一方面帮助浏览者通过色彩最快速地区分信息，另一方面色彩的饱和度又突出了位于页面边缘的“体育评论”内容，提高了浏览者对这一布局单元格的关注率，可谓一举两得。

到这一步，剩下的无非就是对布局单元格做进一步分割了。现在我们会发现，庞大的信息量变得越来越清晰，查找信息也越来越简单了。

主持人提示：

对图专6-10所示的布局单元格继续细分时，一定要保证单元格的整体色彩感。单元格内的图片色彩及单元格标题色彩要尽可能和单元格色彩保持一致，如果必须改变，则以单元格色彩的明度变化为主，这样才不会使页面变得杂乱。

■ 布局单元格标题

它用来标注布局单元格的内容，以区分不同类别的信息，一般位于布局单元格顶部。对比分析图专6-11所示的网页，我们会发现这一点。图专6-11所示单元格标题色彩醒目，页面活泼且信息分割清晰。图专6-12所示msn英文主页，所有布局单元格顶部都有一个蓝色的标题，整个页面简洁统一，信息分类显得格外明了。

主持人提示：

如果布局单元格没有色彩或者色彩较为统一（见图专6-11和图专6-12），那么单元格标题就必须比较突出。如果布局单元格色彩比较丰富（见图专6-13），那么应尽量让单元格标题符合单元格整体色调，以免让画面太凌乱。

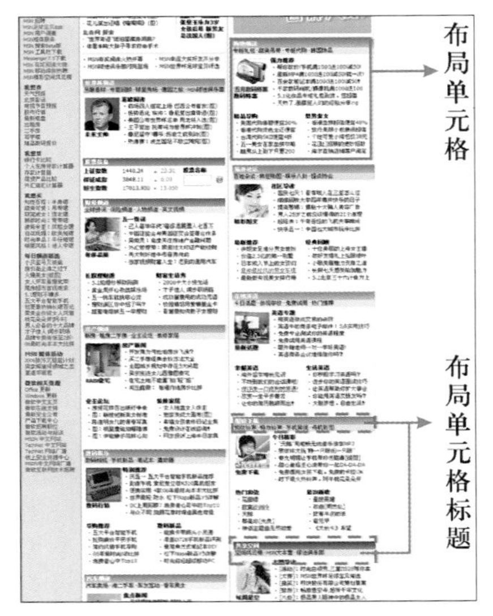

图专6-11

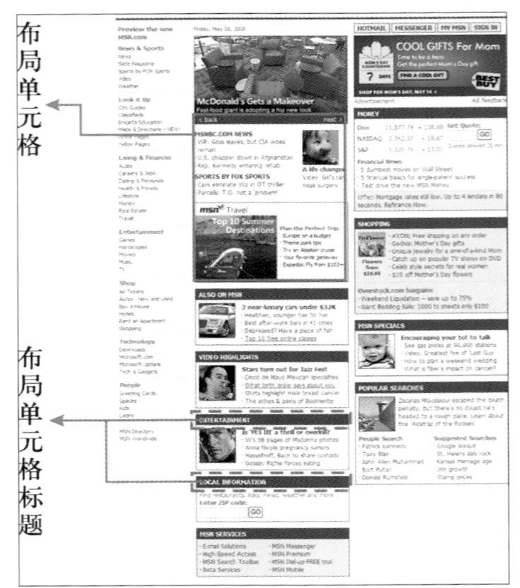

图专6-12

图专6-13

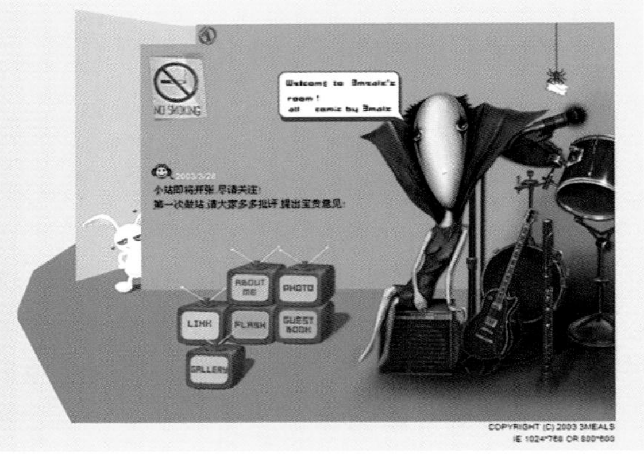

图专6-14

【案例二】时尚个性的个人网站

这类网站的设计较为灵活，页面布局的设计也没有多少束缚，设计者可以完全把页面当成一张白纸，尽情地发挥个性创意（见图专6-14）。也正是这类网站的受众群体单一、网站信息更新较少、网站主题和实现的功能较为单一等原因使设计者有了一个自由发挥的天空，成为测试技术和尝试效果的试验田，给网页设计带来了新鲜的血液和活力。

【案例三】企业网站的色彩设计

对于一个网站来说，网页的色彩给浏览者印象最深刻。

网站是企业实体的补充和延展。企业网站一般是在企业实体已经形成有影响力的企业文化和企业视觉识别系统（又称CI系统）以后，才开始设计制作的。因此，企业网站的设计要力求遵循企业整体的视觉形象。

图专6-15和图专6-16所示的分别是日本NEC有限公司和日立有限公司的网站主页和内页，在网页中采用了包括标志和标准色彩为主的视觉元素。在图专6-15中，NEC公司标志的标准色彩为蓝色，所以我们可以看到整个主页和内容页均在最突出的布局表格中采用蓝色调图片，甚至页面中大量的文字都是蓝色，让浏览者能在最短的时间里把这一网站和实体企业NEC联系到一起，进而对NEC网站提供的信息产生信任感。在图专6-16中，企业视觉识别系统的标准色是红色，在运用到网页时，没有像图专6-15所示的那样大面积地使用，而是采用纯度较高的红色和大面积纯度很低的灰色对比来突出主体的红色基调，同样达到目的。

主持人提示：

对于那些已有实体企业并已建立完善视觉识别系统的网站，建议网页的主色调首先考虑采用标准色；对于那些刚建立实体的企业网站，建议选择符合其企业主题的色彩。

主持人语：

好的网页不但需要设计师还需要后台编程人员与其合作，建议设计师在网页设计前和编程人员保持良好的专业沟通，取得关于类似网站更新、维护、页面互动效果的技术支持是很重要的。

接到网页设计任务以后，不要急于在软件里面开始制作，最好能在纸上根据信息的类别和主次关系先绘制布局表格的草图，确定好大的布局关系以后再开始制作。美观的网页设计是以科学合理的信息布局为基础的。

动画、互动效果、炫目的图片也都是网页版式设计的工具，但却不是目的，千万不要为追求效果而设计。好的网页版式设计始终以传达信息和完善功能为目的。

图专6-15

图专6-16

参考网页

[1] 图专6-1：阿里巴巴网站主页（http://www.alibaba.com/）
[2] 图专6-2：MSN FOX SPORTS体育栏目网页（http://msn.foxsports.com/）
[3] 图专6-3：微软（中国）有限公司网站主页（http://www.microsoft.com/china/）
[4] 图专6-5：中央电视台网站（http://www.cctv.com）频道介绍页面
[5] 图专6-7：MSN FOX SPORTS网页（http://msn.foxsports.com/）
[6] 图专6-11：MSN中文主页（http://www.msn.com.cn）
[7] 图专6-12：MSN英文主页（http://www.msn.com）
[8] 图专6-13：MSN FOX SPORTS（http://msn.foxsports.com/）
[9] 图专6-14：德德城堡网站（http://dodos.nease.net/menu.html）
[10] 图专6-15：NEC有限公司日文网站（http://www.nec.co.jp/）
[11] 图专6-16：Hitachi日立有限公司日文网站（http://www.hitachi.co.jp/）

专题七

企业宣传手册的版式设计

栏目主持：华中师范大学美术学院讲师　庄黎

企业宣传手册是一个统称，泛指企业在商业宣传与经营运作过程中所有成册的印刷品。企业宣传手册在宣传与展现企业形象、传达相关产品与服务信息、展示企业运作与经营状况等诸多方面的应用都非常频繁。不同的企业宣传手册有着不同的版式特征，因此，可根据其不同功能与应用领域，细分为以下几类，由此来具体分析版式设计的要求。

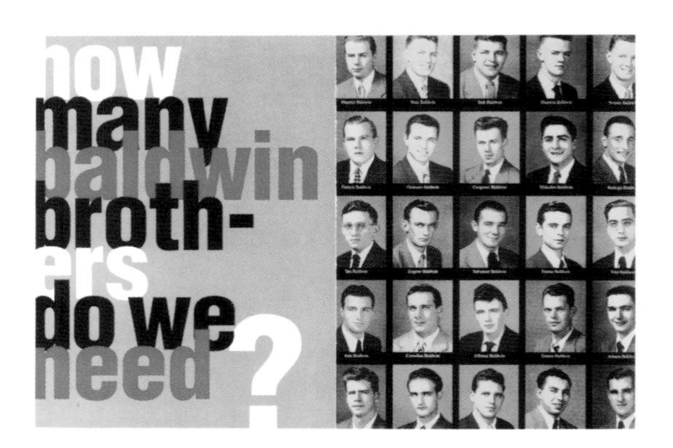

图专7-1

1. 商业促销型宣传手册

商业促销型宣传手册是一种在各售卖场所直接与受众见面，以激发与诱导消费行为的宣传手册，其用途决定了这类宣传手册在流畅地传达商品与企业信息的同时，更需要关注如何迎合消费群体的口味，以此为重点，需要做如下考虑。

（1）图片信息的主体化

在商业促销用途的宣传手册中，图片在很多情况下会占据着整个版面或大部分区域，而文字部分无论是从信息量上还是从所占空间大小上都会相应弱化。因为精美的图片无论从形式上还是内容上都更具视觉冲击力，易引起消费者的注意（见图专7-1）。

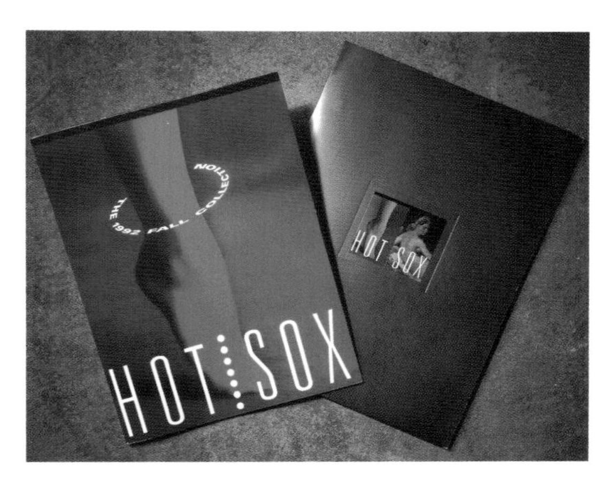

图专7-2

（2）文字信息的灵活编排

由于文字量较少，地位弱化，可以在保证信息流畅传达的前提下，根据画面需要对主题文字的组合形式、段落文本的轮廓形式、文字本身的形态等进行灵活、生动的设计（见图专7-2）。这实际上是文字图形化的过程，既可以与画面图形元素进行更好的组合，又可以有效避免常规的横平竖直构成关系所引起的视觉疲劳。

（3）无版心设计

商业宣传手册的用途决定了其版面风格的设计可以相当自由。我们完全可以将有限的版面变成一种无边界的空间，版心的概念可

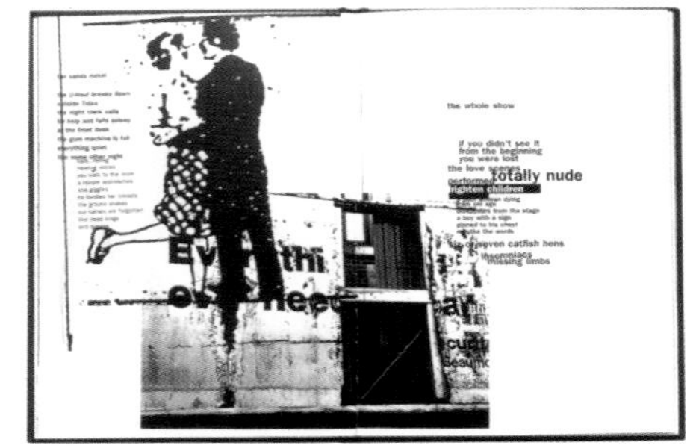

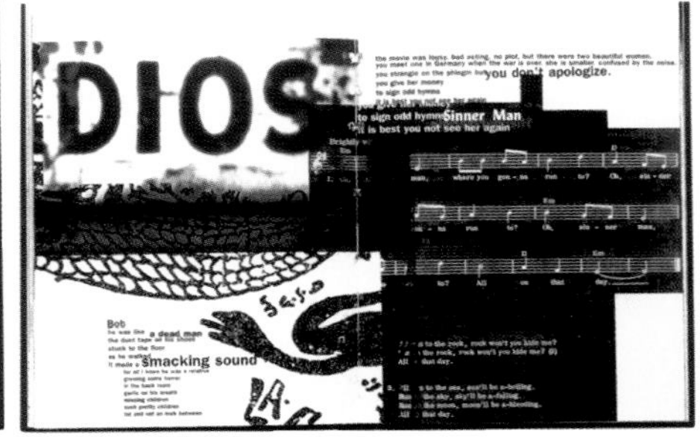

图专7-3

以随形式需要而完全舍弃。大幅图片甚至文字元素可以频繁"出血"，使商业促销型宣传手册具有较强的视觉冲击力，从而赢得消费者的关注（见图专7-3）。

（4）运用高纯度、强对比的色彩

人们的视觉已经在信息庞杂的日常生活中渐趋麻木，新颖而大胆的配色方案将是唤起受众的注意，使其从众多同类宣传手册中脱颖而出的有效手段（见图专7-4）。

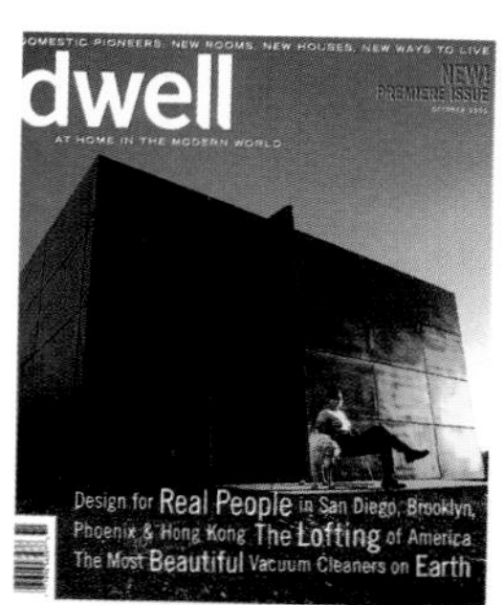

图专7-4

（5）异形化制作

放弃传统的开本尺寸与版面形态，而采用令人耳目一新的异形尺寸与开启方式，一方面可以增加画册的空间层次，另一方面可以考虑迎合读者的猎奇心理（见图专7-5）。有时，特定的主题也会因合理的版面异化而实现形式与内容的融合、统一，从而产生妙不可言的视觉效果。

主持人提示：

商业促销型宣传手册要竭力在图片、文字的编排方式及色彩的选择上形成新颖独特的视觉感受，以符合受众的猎奇口味。但在设计时须注意与企业、产品性质的结合，做到形式与内容的统一，避免其他信息的视觉干扰。

2. 企业形象宣传手册

这类宣传手册以展现企业实力与形象为主要目的，通过对宣传手册的阅读，受众将会加强对企业的认识。因此，如何运用与企业相关联的一系列视觉元素成为设计的焦点。企业形象宣传手册应注意以下几点。

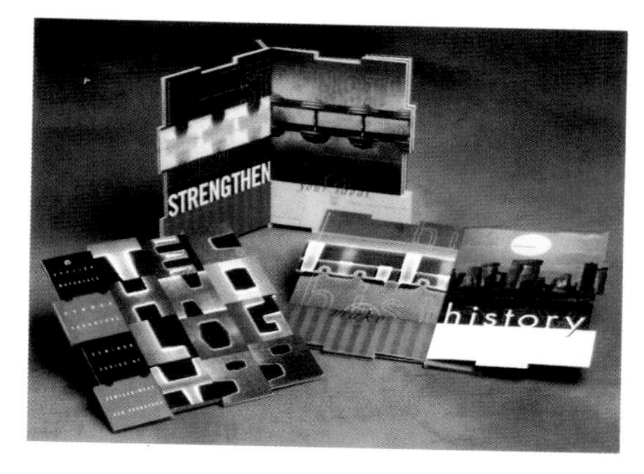

图专7-5

（1）整体统一性原则

相对于一般用途的宣传手册而言，企业形象宣传手册更需突出一种统一而有序的标准，那就是企业视觉识别系统中关于标准色、辅助色、辅助图形、企业logo、标准字等要素的系列化应用（见图专7-6）。这样做既可以规范企业的内部管理，又有利于企业对外保持一种整体而有序的经营形象。

（2）版式编排

企业视觉识别手册（VI手册）的版式编排，应突出两点：①严格遵守各项规范；②形式上尽量简洁明了，不需要太复杂的形式构成，不相关的视觉元素尽量避免使用。

（3）视觉元素的选择与搭配

版式中视觉元素的选择与搭配及编排风格的确定应尽量考虑企业与产品的性质。严肃、严谨，还是活泼、跳跃，都不能按主观意愿去选择，而应使版式设计风格符合企业一贯的公众形象（见图专7-7）。

主持人提示：

信息的编排方式应简洁明了，视觉元素的运用应始终围绕VI手册标准，以突出企业形象为目的。

3. 产品目录与年度报表

产品目录多用于向消费者直观展现企业系列产品，而年度报表多用于在企业内部或同行业间公布当年业绩。这两种宣传手册

图专7-6

图专7-7

虽然在使用领域和针对受众上均有所不同，但都注重数据信息的整理和直观显现，在形式处理上具有相似性，因此将其归为一类来讨论。

(1) 文字与图形的编排形式应简洁、统一

大量的数据信息需要非常简明和直观地呈现出来，这就要求画册在编排形式上要注意避免过度复杂化，尽量简洁。纯粹装饰性的图形元素尽量少用，文字的排列方式尽量工整、统一，这将有助于画面视觉流畅性的形成，加强权威感与可信度（见图专7-8）。

(2) 统一页面形式的建立

由于产品目录和年度报表在内容上多采用理性的数据分析信息，因此需要有相对统一的图片和文本编排形式来达到视觉上的连贯性与规范性。

(3) 同类信息成组，多留气口，注意图文关系的新颖性

大量的产品性能与企业业绩的数据、图片信息，给我们在进行版式编排时提出了要求，那就是需要加强同类信息的成组来保持画面的条理性。同时也需要多留空白以形成更多气口，缓解读者在接收信息过程中的视觉疲劳。因此，简洁、清晰、信息分类明确是此类设计的重点（见图专7-9）。

主持人提示：

产品目录与年度报表的编排，既要注意信息传递过程的便利与流畅，又要考虑合理地利用图形与图片本身所具有的形态因素，构成与文字编排的协调，以实现严谨又不呆板的视觉效果。

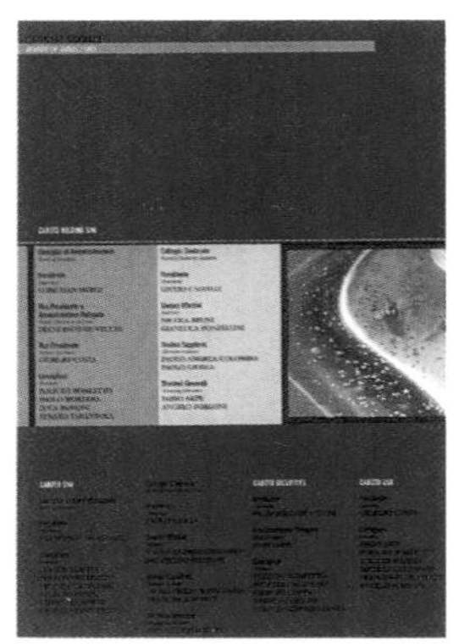

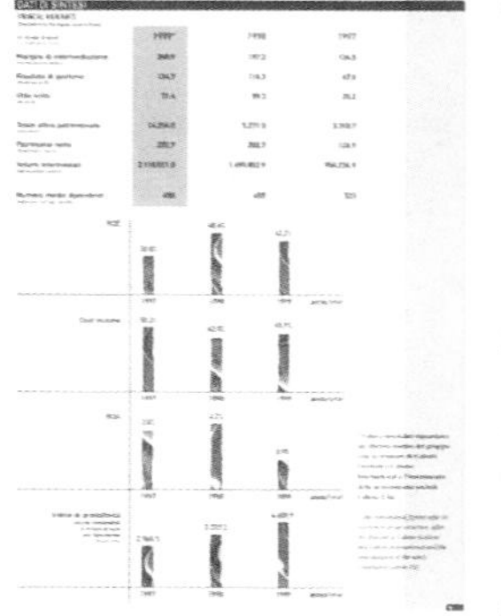

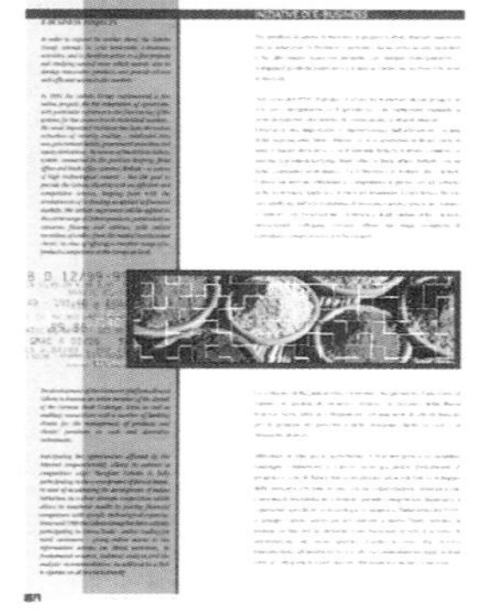

图专7-8

【案例一】 “HOWE”家具公司商业促销宣传手册与产品目录宣传手册

图专7-10所示的是美国一家名为“HOWE”的家具公司促销的宣传手册。图片为版面主导信息，通过局部特写，强化产品品质，吸引受众目光；折页性的异形尺度与企业性质、产品特点紧

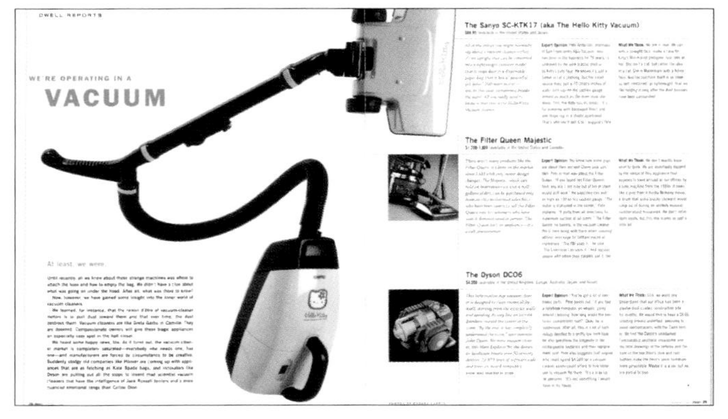

图专7-9

密结合；文字作为辅助信息，在版面中与图形及异形页面的轮廓走向相一致，使画面跳跃的节奏感得以保持与加强；用色饱和而对比强烈，使得画册整体视觉形象简洁明快。

作为“HOWE”家具公司的产品目录（见图专7-11），设计风格有不同于促销宣传手册的特征，即同类信息成组有序、井井有条，使得信息传达直观、明了，便于比对与阅读；白色背景的运用使得版面空白空间加大，同时信息与信息间气口的设置都使阅读过程显得更加轻松。

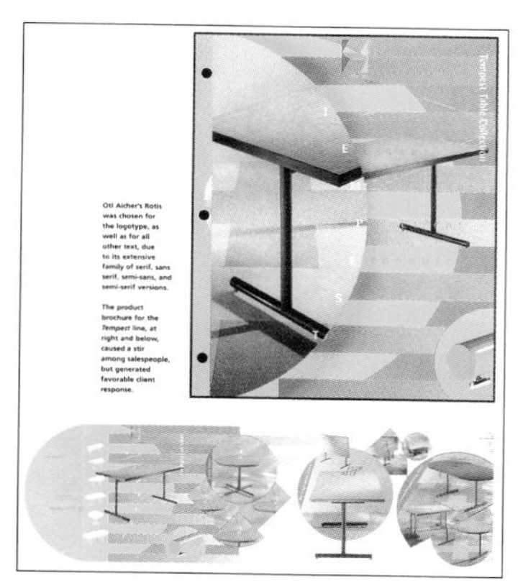

图专7-10

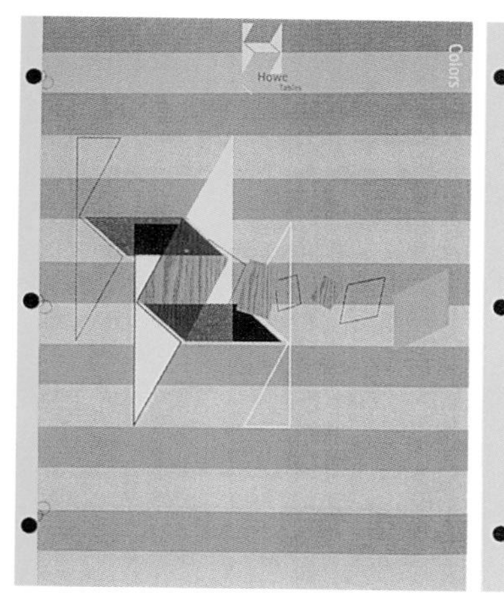

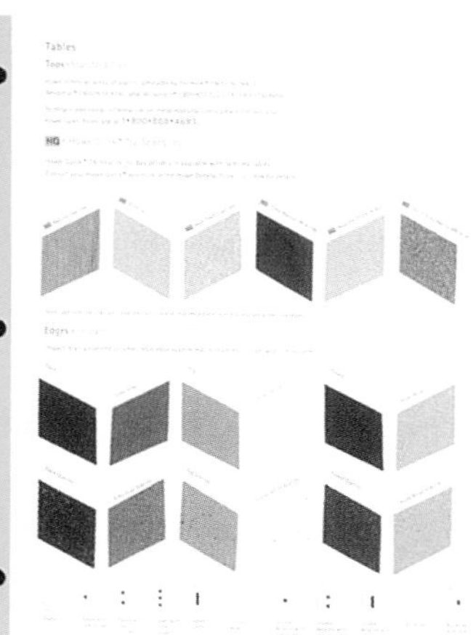

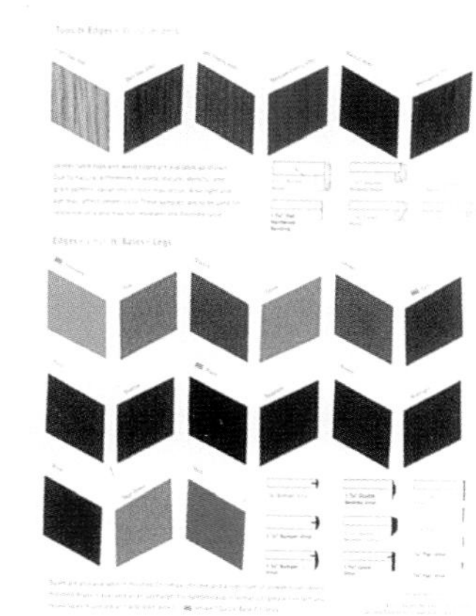

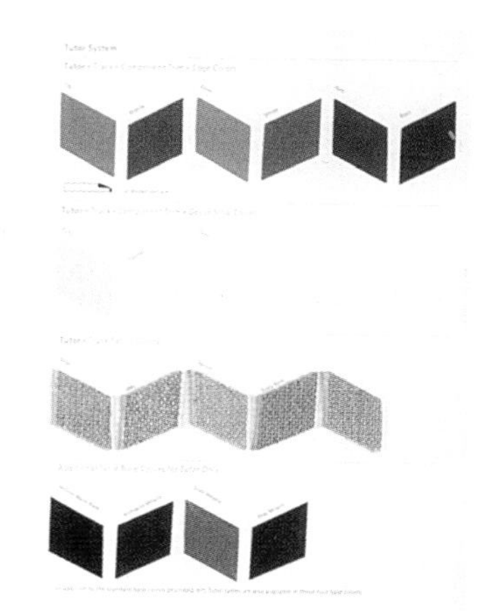

图专7-11

【案例二】“DUNN”安全产品目录

图专7-12所示的是美国一家名为“DUNN”的专门负责安全保障产品生产与开发的企业产品目录，是一个非常典型的同类宣传手册版式编排的实例，它的设计特点如下。

(1) 相对版心的建立

对安全产品的宣传需要视觉形象的同样“安全”，因此，将产品信息集中显现在图片之中，安全色满足了受众视觉与心理的“安”与“定”的潜在需求。

(2) 在严谨的气氛中巧妙地寻求律动关系

巧妙之处就在于直接利用各产品本身形状与大小的差异构成版式的音乐美。在这个宣传手册中，主题是人们的日常生活用品，而不是机械零件，也不是高精密仪器，没有必要用绝对等同的图块进行产品形态的传递。图专7-13所示的这种看似随意却又符合一定编排规律的形态律动，反而起到了强化人性、增添产品亲和度的作用。

图专7-12

图专7-13

(3) 辅助图形与色彩的合理运用

黄、黑相间的条纹作为画面辅助元素有其独特的存在意义。其自身所独具的被公众所熟知的警示意义，加强了产品的宣传主题；在色彩关系上与产品色形成呼应，白色背景由于图形元素的跳动而产生飘动感，不稳定感得以抑制。

主持人语：

对于企业宣传手册的设计，需要把握好整体节奏、图文关系塑造，需要有色彩感悟以及严谨的态度和放松的思维，还要对企业和产品有透彻的了解。

注重在设计的初始阶段做好版式草图的绘制工作，在这个阶段多提出几种可能性，并结合特定内容与相关构成原理，多考虑可行性与合理性，以避免在电脑制作与辅助设计阶段将时间花在无目的的反复上。

注意形式与内容的紧密结合，千万不可抛开内容而一味追求形式上的特异。

参考图片

[1] 图专7-1：哥伦布传播艺术协会“鲍德温兄弟”画页。（美）盖尔·代卜勒·芬克，（美）克莱尔·沃姆克.强有力的页面设计[M].韩春明，译.合肥：安徽美术出版社，2003.

[2] 图专7-2：HOT SOX 制袜公司画册。

[3] 图专7-3：《母鲴鱼》画册。（美）盖尔·代卜勒·芬克，（美）克莱尔·沃姆克.强有力的页面设计[M].韩春明，译.合肥：安徽美术出版社，2003.

[4] 图专7-4：《居家》画册。（美）盖尔·代卜勒·芬克，（美）克莱尔·沃姆克.强有力的页面设计[M].韩春明，译.合肥：安徽美术出版社，2003.

[5] 图专7-5：应用材料公司夏季技术会议系列宣传册。（美）盖尔·代卜勒·芬克，（美）克莱尔·沃姆克.强有力的页面设计[M].韩春明，译.合肥：安徽美术出版社，2003.

[6] 图专7-6：X-IT公司企业形象宣传手册。

[7] 图专7-7：FOX TV企业形象宣传手册。

[8] 图专7-8：卡博特集团年度报告。（美）盖尔·代卜勒·芬克，（美）克莱尔·沃姆克.强有力的页面设计[M].韩春明，译.合肥：安徽美术出版社，2003.

[9] 图专7-9：《居家》画册。（美）盖尔·代卜勒·芬克，（美）克莱尔·沃姆克.强有力的页面设计[M].韩春明，译.合肥：安徽美术出版社，2003.

[10] 图专7-10、图专7-11：美国“HOWE”家具公司商业促销宣传手册与产品目录宣传手册。引自《DESIGNING IDENTITY》。

[11] 图专7-12、图专7-13：美国“DUNN”安全产品目录。引自《DESIGNING IDENTITY》。

专题八

媒体广告动态画面的版式设计

栏目主持：华中师范大学美术学院讲师　庄黎

当下，媒体技术拓展了平面创意的空间，网页广告、媒体广告、电影片头、Flash动画、电子杂志等，让平面律动起来，丰富了平面的视觉语言，也使动态画面成为一种特殊的版面构成形式，其特殊性就在于画面元素的构成变化是在时间推移和空间运动这两条动态线索中展开的，因此，对其进行研究，就需要我们在了解动态影像媒体特征的前提下，系统掌握动态画面的版式构成原则。

1. 动态影像的媒体特征

(1) 运动性

运动性是动态影像媒体区别于静态平面媒体的最大特征。静态版面反映的是一种纯粹的空间艺术研究，而动态版面反映的是时间与空间的综合意识经营，它是随着时间的推移，空间运动逐步而具体地展开的。通常应从以下几个方面把握运动性特征。

① 版面构成形式的非恒定性。在静态版式中，我们总是耗尽心力在版面各个元素之间寻求和谐，以期达到版面的最佳均衡状态，这种设计模式将在动态版面的构成研究过程中被改变。原因很简单：动态版面中的各个元素始终处于运动状态，会不断产生新的版面构成形式并替换原有形式，直至时间推移至最终静帧定格画面出现，这种非恒定性决定了动态版面信息元素交替呈现的方式。

② 视觉中心的运动性。动态版面的非恒定性因素直接影响到构成形式的变化，使版面的视觉中心也呈现出动态性。设计时，更需要重点关注的是：视觉中心的运动变化过程怎样更好地适应受众的视觉习惯与心理期待，换句话说，怎样才能引起受众的视觉共鸣。

③ 运动中，视觉中心的范围限定性与视觉外延的范围无限性。视觉中心的运动变化都是在屏幕显示的区域内，因此也在受众的视线中，此为视觉中心的范围限定性；而其运动的趋势与轨迹及由此带动的其他元素的运动，却有可能在画面之外，这就如同水中泛起的涟漪，扩散开来，让我们无法衡量其波及的范围，此为视觉外延的范围无限性。

④ 显示屏幕四周影响运动的方向、速度与轨迹。与纸质画面一样，媒体显示屏幕对信息发布范围首先具有限定作用。其次，显示屏幕安全区域的设定能保证主要视频信息的正常显示。除此之外，显示屏幕四周还具有独特的功能，它既可以被看做是舞台的幕布，信息运动由此而进入画面或是至此而消失；还可以被看做是具有反弹力的墙体，在信息运动至此时，将其反弹回视觉中心(见图专8-1)。当然，无论是幕布还是墙体，其实也都是假想出来的概念，之所以这样比喻，是想告诉大家，显示屏幕就如同一张特殊的“纸”，要想“纸”上的内容精彩展现，是需要对这张“纸”的特性作些了解的。

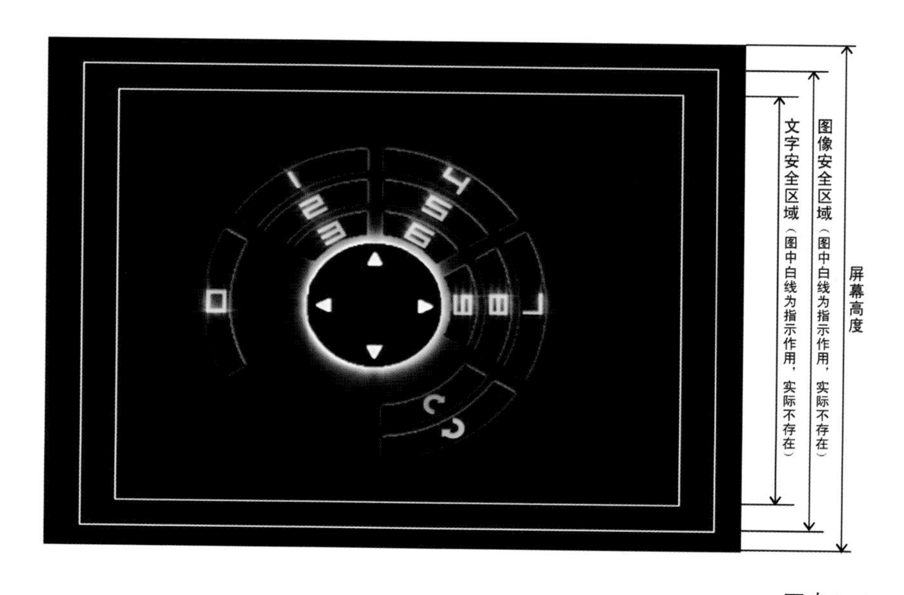

图专8-1

（2）节奏性

节奏是对运动的限定，它解决的是如何运动及动作幅度大小等问题。

① 节奏性体现在运动幅度的大小、运动力量的强弱、运动速度的快慢及动作的转折与停顿等方面的变化。只要是运动过程，就没有从一而终的匀速直线运动，所有物体的运动都存在着不同的阶段性与运动状态的各自差异性。按照这种模式去设计运动，才能使动态画面真实、生动，既可以适应受众的心理定式，又可以充分发挥动态媒体的功能。

② 把握镜头场景编排切换的节奏。我们对拍摄素材的剪辑、场景的切换，也要像设计各画面元素的运动一样，在编排设计时必须充分体现出变化的节奏。

③ 通过有节奏的运动过程，展现完整生动的画面情节。毫无疑问，只有对节奏的准确把握与合理安排，才能完整、生动地展现运动过程，进而表达画面情节。

【案例一】 贱男舍制作团队介绍片片头版式设计

图专8-2所示的是一个学生后期制作团队的介绍短片片头设计。该片头中，画面构成形式及视觉中心（团队成员姓名及工作）在显示区域中不断发生丰富变化：屏幕四周的幕布效应、支撑效应频繁发生；画面元素变化具有明确的目的性；利用颜色同一产生整体感；利用形状区分产生局部细节。

运动设计：以笔画延伸速度慢而幅度小表现匀速状态；以文字转动速度快而幅度大表现变速状态。整个片头动静结合，节奏对比强烈，完整而生动地展现出画面情节。

图专8-2

（3）情节性

① 有情节的运动。一般来讲，有目的的运动就是有情节的运动，须考虑：哪个元素从哪里出发？按照何种运动轨迹？经过哪些地方？在这些地方处于何种状态？最终到达哪里？这就是一套完整的运动情节设计程序。所有的“问题”实质上组成了我们通常所说的关键帧。当我们将画面内任何元素的运动及由此而产生的形式变化都看成是一段情节，我们就把握了运动状态对主题的表达。

② 随着时间的推移,情节逐步展开。完整的运动将情节展开是依据时间而进行的。简单地说，就是“在什么时

间做什么事”。这就涉及另外一个重要概念——时间线，即代表项目生命周期的水平线。我们可以通过在时间线上添加关键帧来设计和制约运动的类型与趋势，以完成画面情节的表达。

③ 编写脚本与计划是表现情节的前提。角色、关键帧和时间线是构成动态版面形式变化的三元素。如同做平面设计时应先画草图进行构思一样，我们也需要通过脚本、分镜头、制作计划来完成动态版式的设计构思。

（4）程序性

① “按部就班”才能“有条不紊”。

② “对号入座”才能“秩序井然”。

关于这两点，意思很明确，即视频艺术是时间与空间同步向前推移的艺术，也是一个高度程序性的艺术，是一个通过理性手段控制感性过程及结果的艺术。这需要有严密的先后次序去确保变化的实施。

主持人提示：

在媒体广告动态画面的设计时，我们的版式设计思维方式需要由静态转向动态，进而要建立起一个以元素角色、关键帧、时间线索为一体的动态版式构成模式。这样才能充分发挥动态影像的媒体特色，使我们的动态版面更有灵动感与遐想空间。

【案例二】 概念手机结构视频演示版式设计

图专8-3所示的是一段视频演示，画面元素的每一个运动步骤都具有明确而清晰的目的，通过目的的逐个实现，完成概念手机这一产品由结构到功能的展示过程，形成完整的展示情节。

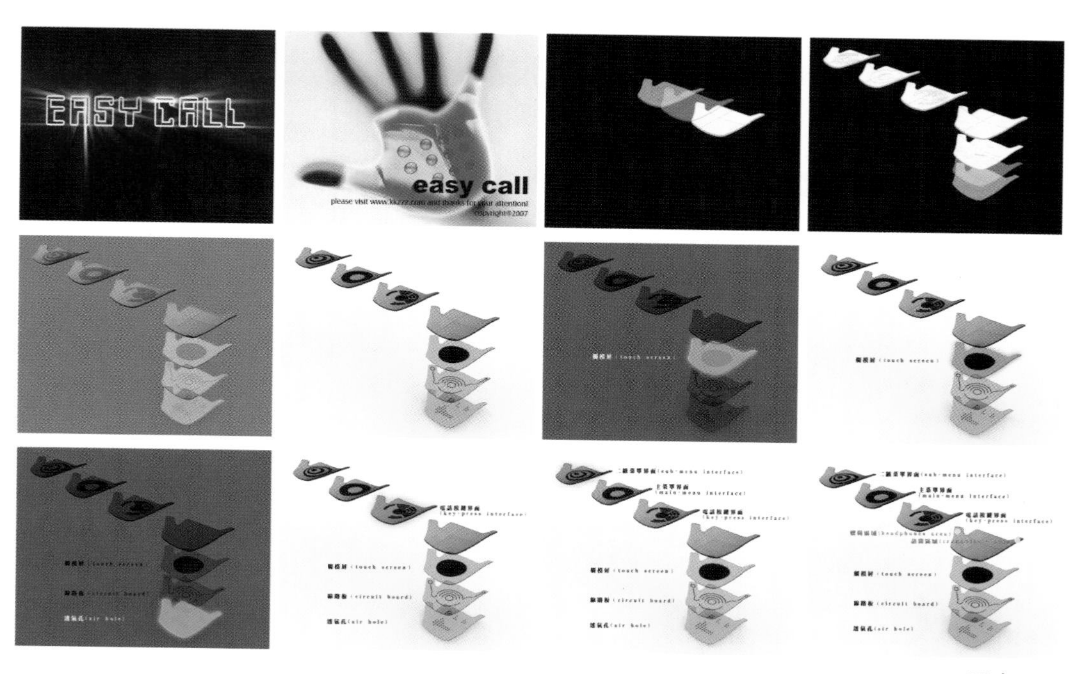

图专8-3

处理技巧：片中各部分结构、背景、文字之间通过频繁进行反转片式切换，体现出高度程序性及步骤的计划性。

2. 动态画面的版式构成原则

（1）过程的形式任意性与结果的形式唯一性构成原则

① 版面的动态性在于：静止→运动→运动高潮→逐渐静止。

② 在运动过程中，版面形式从初始形式→新形式→……→最终形式。

③ 形式的任意性不等于胡乱运动或者无形式运动。

提示：要重点关注几个关键帧画面的形式感，同时兼顾整个形式运动的全过程。

④ 形式的唯一性体现在最终的静帧画面。

【案例三】 娱乐百分百片头版式设计

图专8-4所示的是一段视频演示的片头，画面元素纷繁，运动幅度大，运动节奏强烈，较好地展现出了娱乐节目的特征。

处理技巧：元素多而不杂，动而不乱；运动轨迹明确统一，在由远及近漂浮至消失的过程中，所有元素都随地面转动而转动；静帧定格画面简洁且结构和谐，空间层次清晰明朗。

主持人提示：

媒体广告动态画面的版式构成，毫无疑问也应遵循版式设计的一般原理：版式设计的三原则；版式设计的“三分”定律；字体、字号、字距的设定标准等。这些内容在前面章节已作详细阐述，希望同学们在此专题设计中灵活运用。

(2) 鲜活的图与图、文与文、图文关系构成原则

动态版面与静态版面一样，在版式设计过程中需要仔细揣摩元素与元素间的相互关系，如果没有这些关系的有意识经营和对运动情节的支撑，即使是动的画面，也只会是平淡乏味的“死水一潭”。至于元素间关系的把握，其实也没有特定的、死板的用法，更多的时候要视元素本身特点、运动情节的目的而定。几种常用的手法如下。

① 元素之间以形为媒的过渡与转换。

② 元素之间以动为媒的关联与结合。

③ 元素之间的动静过渡与组合。

图专8-4

【案例四】 清酒广告片版式设计

图专8-5所示的是一段广告片，图形与图形之间的穿插过渡自然而生动，极具视觉创意。

处理技巧：通过真实的花转换为瓶贴上的图案，完成花与瓶贴之间以形为媒的过渡与转换，以及花与瓶贴之间的动静过渡；利用瓶形变动完成从开满鲜花的场景转场到最终静帧画面。

(3) 动态画面均衡构成原则

① 运动过程的相对均衡性。

② 运动结果即最终静帧画面的绝对均衡性。

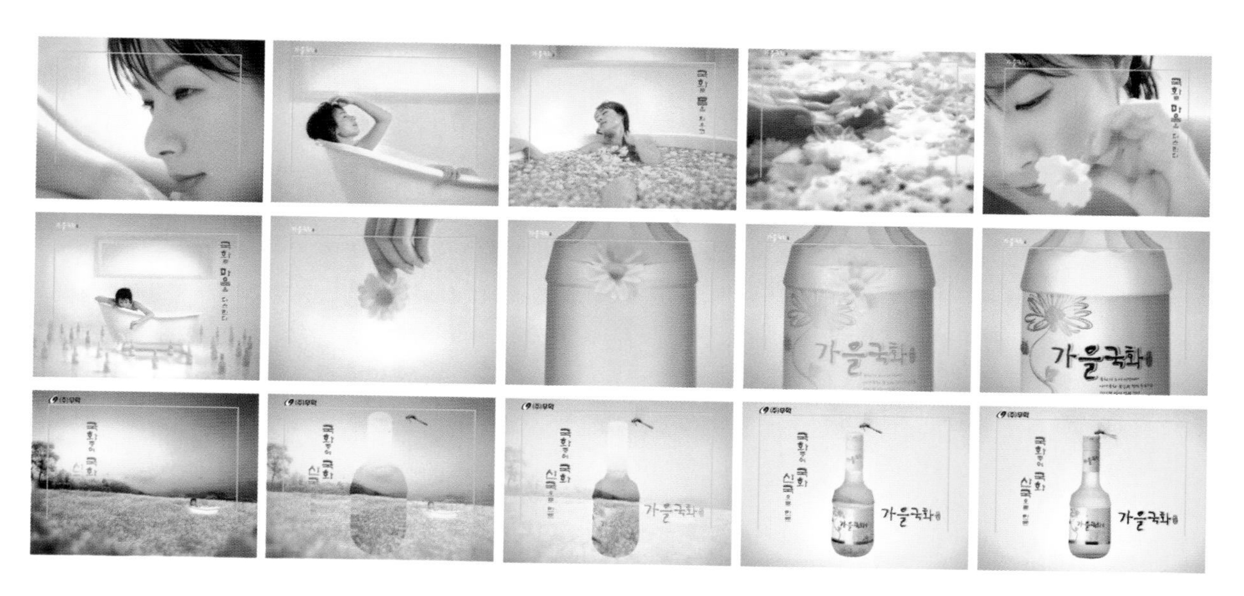

图专8-5

主持人提示：

关于动态画面均衡构成的这两条原则，强调的是从一种形式到另一种形式的动态过程中，我们不能要求每一帧静态画面版式的构成形式都处于一种完美的均衡中，这也是不可能的。但关键帧及最终静帧画面却必须要绝对均衡。

③ 通过“类似”实现对称的均衡，通过“对比”实现非对称的均衡。

【案例五】 果味酒广告版式设计

图专8-6所示的是一段广告片，画面元素运动过程并非处于一种从一而终的均衡状态中，而是从非均衡状态到均衡状态；同时，画面形式的对称均衡状态与非对称均衡状态频繁出现且相互转换；但从图中可见，最终画面与关键帧画面都基本处于均衡状态。

图专8-6

(4) 运动的整体同一性构成原则

就任何一段运动情节的整体而言，不论细节与层次有多么丰富，其大的运动趋势与总的运动轨迹应该是同一的，这是保证运动画面构成形式清晰、明确、有条理的关键。

主持人提示：

所谓的运动方向关联性，则是指个体元素的运动之间存在差异，但却相互影响。比如说A元素与B元素的同方向时间差运动或是直角相遇运动等(见图专8-7)，运动中的元素之间产生联系，使运动形成整体。而运动起止的关联性，体现的最明显的就是B元素的运动或停止是由A元素的运动或停止造成的，形成了各种因果联动关系。

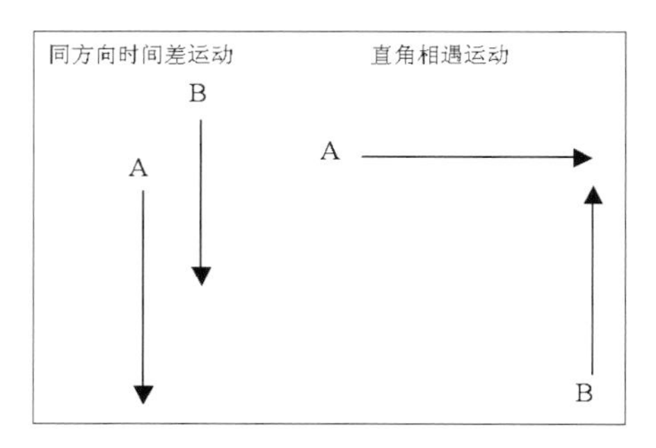

图专8-7

【案例六】 DANCING GIRL片头版式设计

图专8-8所示的是一个片头设计，画面元素非常丰富，运动效果差异显著，但其运动目的同一性明确：从四边进入，又从四边消失，运动方向与起止关联性清晰。

处理技巧：箭头运动导致圆形转动；舞蹈动作引发圆形运动；垂直与水平箭头、文字与白线的穿插流动加速了圆形运动，使片头多变而同一。

(5) 有限的屏幕与无限的空间原则

屏幕的有限性体现在特定的屏幕尺寸与屏幕安全区域尺寸上；而屏幕的无限性则体现在屏幕的四边既是终点，也是起点，或者说屏幕的四边既是限定，也是延续。

主持人提示：

要想对动态版面的构成原理有更加深刻的解读与掌握，我们就需要在理论学习的基础上，运用所学原理多欣赏和分析一些视频作品，多体会和总结作品中画面运动形式的特征，并在熟练运用相关软件的基础上，尝试创作一些视频小短片，这样，才能将原理融会贯通，活学活用。

图专8-8

专题九

信息场的构建

——展示空间的版式设计

栏目主持：华中师范大学美术学院讲师　严胜学

在某种程度上，现代会展给社会提供了一个信息互动的平台，它已演化为一种交流活动。它是基于表达展示主体的信息意向和塑造某种意识形象的方式，是资源信息的交流中心，在创造展示空间的同时，也创造出一个强调信息传播与交流的信息空间，我们将其称为信息场。

信息场是我们提出的一种概念性工具，它与空间的场相对应。在这里，展示空间指的是物质层面，以此为载体，展示信息所进行的编码、抽象和传播过程，也就是在一个展示系统内产生和交换信息的过程，因此，展示空间与信息场是互为依存的。

信息互动是创造空间的目的，空间为其提供有效载体，而展示中的版式设计则是对视觉信息进行一种有效组织的过程，是信息场构建的一个极其重要的方面。下面我们就结合案例予以分析。

【案例一】开放式界面——"信息视界"

图专9-1所示的为纽约Thinc design设计公司为惠普公司设计的展厅，该厅整体面积为650 m²。其展台的开放式设计与展板中使用的大量图像构成了一种和谐的效果。无论展板空间形态还是编排设计都在拉斯维加斯世界计算机博览会上引起了瞩目。

无论是电影制作还是赛车游戏，要想达到很好的效果，惠普电脑是必不可少的工具之一，这也是惠普电视广告和平面广告中所蕴含的主题。这些广告上的照片及上面独特的加号标志被大量运用，在展板上形成了强烈的视觉冲击力。

1. 版式设计风格分析

(1) 三维互动

该展示中的版式设计突破了二维限制，实现了由二维至三维空间的转换，创意空间更加广阔。

在统一展示主题的前提下，各个不同展示界面的信息编排形式在整体空间内互不相同又相互呼应，如惠普公司"+hp"系列宣传口号在产品区、洽谈区等不同功能区域的展板上都以不同形式重复展现（见图专9-1、图专9-2），让各区域展板形成系列化。同时，在局部区域运用多媒体设备加强详细信息的传达，并衬以令人瞩目的平面背景，使得信息的组织与编排在形式上显得多层次化，手段上多样化，信息的传达更有针对性。

(2) 错落缤纷

利用高低错落的展板作为分割，整体上形成错落有致的编排风格。如图专9-1所示，面向通

图专9-1

图专9-2

道区的若干块展板疏密相间，在其版式设计中，或丰富或简洁，互相穿插，且依据其重要性，进行信息分层。视觉冲击力强的图像作为底层大背景吸引人的第一注意力，其上是反白的详细图文介绍信息，其左侧则是具有象征寓意的简洁分子结构图。整体展板的高低、图形、字体、字号及颜色等都富于变化，形成错落缤纷的“信息视界”，颇具层次感，且信息传达明确。

主持人提示：

光的照明有助于我们观察与认识空间环境。光在展示中起着独特的、不可替代的作用。它能修饰信息界面，使本来简单的造型变得丰富，并在很大程度上影响和改变人们对展示界面形态与颜色的视感；它还能为空间带来生命力、创造环境气氛等。

在惠普公司展示空间中，设计师在局部界面打上了光影，使单一的色调有退晕层次，加上形体局部阴影，使仅印有企业宣传口号的界面并不单调，信息传达简洁明确而又“视界丰富”，这可以说是三维空间编排设计的优势之一。

2. 版式设计原理应用

(1) 信息可视性

惠普公司的展厅具有极强的视觉吸引力，这符合编排设计中信息的可视性原理。一般会展都有其时效性，如何让受众在众多展厅中迅速找到我们所要传达的信息极其关键。在展示中极其强调“第一印象”，即信息的可视性。这种视觉印象的产生往往是瞬间完成的。由于形态具有“注目性”，展示空间中那些特殊的形态往往更能引起人的视觉注意，也就是具有“先声夺人”的力量。对于局部展板设计，大块面的单色如惠普蓝，整版的复杂图像（见图专9-1）都是可以利用的版式设计方法；在空间中，作为标志的“hp”这一主题元素，以发光灯箱的形式在空旷的背景中单独存在，在展示空间中起到“画龙点睛”的作用。

(2) 信息组块与分层

分层是为了管理错综复杂的事物，加强信息间的关系，将相关信息组群的过程。组块与分层的方法有两种：一是把信息分成若干层次，每次只能看见部分层次的信息，这个过程称为信息分层；一是把许多单元的信息组合成数量有限的单元或块，方便参观者阅读与记忆，这个过程称为信息组块。展示空间的编排设计主要有整体空间的立体分层和局部空间的平面分层。

惠普公司展厅有许多不同的功能区域，如体验区、洽谈区、演示区等，设计人员首先对各个区域信息进行立体分层，然后对每个局部区域进行信息平面分层，设计出若干界面，从而使信息在立体与平面中流动。惠普公司的展板设计都比较单纯，有些是平行式的（见图专9-3），在长方形的展板上一字排列，但小画面上却注意图形与冷暖色彩的间隔排列。

图专9-3

(3) 图片优势效应

对于组块与分层后的信息组织，下面做进一步解析。

通常在参观者浏览的过程中，图片比文字更有吸引力，图片与文字混排会令人记忆深刻。在惠普公司展厅中，图片传达信息的方式被大量运用，同时一些文字信息也被图像化处理。该展示空间中，在公司各种媒体广告中象征芯片的速度、RAM的大小、存储器的存储容量的诸多图片等都被用来作为背景，有着很好的视觉吸引力。例如，通过对文字信息进行等级划分，将有些文字信息转化为插图和图表的形式予以表现，令复杂信息变得清晰明了，这在展示编排中是经常运用到的方法。

(4) 均衡性

惠普公司诸多展板整体形态上体现出均衡性（见图专9-4），图与底居中对称排列，文字居中对齐等，这与惠普电脑有着稳定性能的形象是一致的。展板的层次很多，但左右之间会在尺度上寻求一种舒适的视觉平衡，整体形象有着均衡性，并不显得凌乱。

主持人提示：

在惠普公司展示编排设计中，涉及多种元素的组合与排列，如空间色彩、hp品牌形象、企业理念、产品信息等。在这里第一步是权衡每一元素的重要性，设计人员将惠普蓝赋予集文字与图片信息于一身的空间展板上，形成整体空间蓝色基调，给人以科技感与信任感。

图专9-4

图专9-5

【案例二】多斜面组合

德国鲁格贝特旅游公司展出大厅前面的单层展位比较低矮（见图专9-5），设计者根据这一特征，设计出独立式的各种尺寸的MDF面板，以制造展台的整体氛围。浏览者通过展示空间时，由于各区的大小宽窄不一、上下起伏多变，会产生出一种期待感。

展示空间的独立区域是由各个墙体分离出来的，墙体成为图片的载体。天花板上的灯光投射在这些展板上，通过空间光线的明暗对比，使展板信息集中且更加突出（见图专9-6）。

主持人提示：

究其实质，编排设计是对视觉信息的有效组织过程，是为了更好地建立信息场，进而向受众传达信息。与传统意义上的编排设计相比，展示设计中的编排设计范围更广阔，有着自身鲜明的特色。我们可从以下几个方面进行分析。

图专9-6

(1) 编排设计前奏——信息解读

在进行编排设计及信息场建立之前，首先有一个解读的过程，它主要包括：展示主题、场地、信息流及社会等方面的内容。就主题而言，展览会的宗旨和理念是编排设计的依据，无论是综合性展览会还是专业性展览会，它们都有一定的主题，展览信息的构建要围绕主题而定；场地，是展示的空间环境；信息流，包括专业交易信息、大众传播、会场内的信息传播等方面；社会，也就是我们所说的空间——信息场存在的宏观环境，当前的经济、文化、技术等都是要考虑的范围。

设计是以空间为载体进行的，在场地的考察时可以结合类型学(几何形、拓扑形等)确定编排风格的雏形。空间是多维的，它涉及形态、结构、组合与含义多个方面。以空间为物质基础，再加入信息流、传播媒介、信息传播主体及受众的参与，信息场便得以建立起来。

(2) 编排设计的信息组织——系统设计

通过信息解读，可以对信息进行组块与分层，并结合空间确定编排设计的风格。

与一般意义的编排设计相比，展示空间中每个界面的编排设计只是局部环节，整个展示空间复杂信息的编排却是一个系统工程，要从整体空间、多种元素各个方面来考虑，在限定的空间内做编排系统设计。例如，信息界面安排的次序，各个界面风格，色彩的协调性，局部界面是图片还是文字占主导地位，各占多大的权重。依据参观者的行动流线，各界面信息量的多少要做合理安排，形成节奏，以符合人的心理感受，避免视觉疲劳。

(3) 编排设计界面组织——层次性与变化性

展示空间编排设计的各界面具有层次性与变化性。空间上的相互邻接、地势上的高低相倾、组合上的长短相形、功能上的相互分隔，致使空间的相邻展板界面出现一些层次性的变化，这是一种必然的现象，犹如自然地貌呈现的高低分隔起伏、叠层错台一样，展示空间编排的界面也不是一块未被分割的板块，因此，需要随环境因势利导。

主持人提示：

一切设计都应有利于参观者的浏览秩序，符合使用要求，同时要注意视觉的审美特性，该繁则繁，该简则简，不应人为地故作姿态。我们可以运用一些设计手法：①复杂的界面变化及多层次的界面组合；②高低错落，前后穿插；③利用材质肌理，软硬兼备；④仿自然形成梯台地势，组建人造的多层次界面；⑤直线式垂直层次变化；⑥多级多进界面。

(4) 编排设计的新媒介——光影与多媒体

展示空间中编排设计可借助的表现形式更加丰富，可以以光影等为表现媒介。

光可以表现编排界面的形的特征，这里的形不仅包括其整体形状、造型结构特点，也包括其表面的肌理等，它是编排界面不可分割的一部分。除了对形体、质感的表现外，光还具有装饰作用，这一方面是指光影本身的造型效果，它往往是与实体形共同作用的。例如，本来平淡无奇的图形排列在一起，在光的照射下，为界面创造阴影变化，这种明暗变化形成了视觉上的虚实对比，也强调了画面的节奏感和空间的深度，往往给人明确、单纯的印象。

此外，人的视线往往被较亮的物体所吸引，所以在空间及编排设计中常将视觉重点投射较强的光，使其更加突出、醒目，如展厅的入口处、标志、形象墙等。同时，由于亮部比较容易引人注目，利用这点造成一种导向作用，不仅吸引人的视线，还可自然引导人的行为。

主持人语：

展示设计是利用展示空间的环境、道具、色彩、照明和各种视觉传达手段来展示产品、传递信息，并从心理和精神上感染观众的综合性设计。信息场是在空间的基础上建立起来的，它的主题丰富多样，但它离不开信息主体、媒介及受众这三个基本要素，而展示中的编排设计则作为信息传播的手段。

专题十

多媒体演示文件的版式案例分析

栏目主持：华中师范大学美术学院教授　辛艺华

多媒体技术的普及，使信息传播方式发生了革命性的变化。专题讲座、课程教学、会议报告、招商展示等，都可采用这种集文字、图片、动画、音效、多链接于一体的多媒体演示手段。多媒体技术极大地改善了人们交流信息的方式。

多媒体的制作软件有几种，最简单易学便于掌握的应用软件是PowerPoint。该软件自带近40余种设计演示模板和动画，基本能满足常规内容的演示。但是，这种便捷又带来不少的问题。首先是雷同，在一些大型主题报告会上，常发生不同演讲者的内容，模板选择过于近似；其次是动画设计过于繁杂，专业性特征不强，以致产生视觉疲劳。如果再加上选择的模板设计风格与主题内容不一致，会造成整体感觉不伦不类，影响到主题内容的展示。

如果是一般性演示或普通课堂教学课件，采用软件自带模板就能轻松地完成任务。可是一旦涉及大型、专业的综合性演示，就必须通过有针对性的专业设计才能突出多媒体技术的优势。因此，从版式设计角度深入研究多媒体界面设计，就显得极有必要了。本专题主要以教学课件界面设计、大型会议界面设计、投标方案界面设计三个实战案例来探讨多媒体演示文件的版式设计。

【案例一】 艺术设计课程CAI课件的界面设计

艺术设计课程的CAI课件是一种教学系统，它是利用计算机把多种媒体综合起来进行辅助教学的系统。它突破了传统教学的“线性限制”，以随机性、灵活性、全方位、立体化的方式，把信息知识形象生动地呈现给学习者，其集成性和交互性特点，为教学提供了逼真的表现效果。

1. 总体设计

设计的前提是对这门课程有较为系统的讲授经验和熟练的驾驭能力，对课程中的重点知识、相关知识、学习难点有全面的把握，在纸质教材或教案的基础上，确定课件开发的具体方案、策略和技术。

教学目标的制定、教学目标的分析是总体设计阶段的核心工作，应根据教学目标分析的结果，对其细化，并在此基础上进行教学目标与学习项目的匹配。

具体为通过对学习内容的目标分析，找出目标之间的相互联系及与子目标之间的链接，设计出学习内容的层次结构，使每个知识单元既有它的侧重点，又有它的整体关照，从而建立起课件的总体框架系统，即教学内容学习结构流程图（见图专10-1）。

主持人提示：

与纸质课本的目录不同的是，流程图的每一个知识点都应设计成超链接，可以在课程教学中直接切换到相关的低一级目标内容。

2. 脚本编写

根据结构流程图，逐一进行各知识点分界面信息呈现的详细设计，

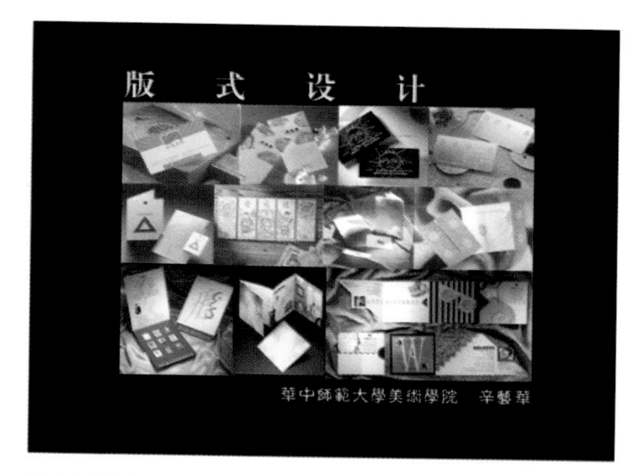

图专10-1

即将课程知识结构按知识单元分析、重要信息提示、相关知识链接等进行归类，按信息等级编写出“演示脚本”，即通常所说的树状结构图。

主持人提示：

①课件的设计应该与纸质教材紧密联系，并非所有的学习内容都必须制作成多媒体课件，更不能将“课本搬家”，直接将纸质教材制作成课件，文字能够解决的问题不必多此一举。

②脚本编写较为繁杂，但必不可少。文字、图片、声音、动画、链接等都要有全局安排，使框面间有联系，单元间有区别。为避免因考虑不周，在版式设计的内容安排时出现反复调试，有时甚至全盘否定的局面，在版式设计原理部分我们一再强调：对信息内容必须进行分类。

③脚本编写时，要求图文并茂的界面中文字信息不宜太多，每一界面以完成一定内容的学习作为主要目的（见图专10-2）。

3. 版式设计

课件界面的版式设计，以展示课程内容为主要目的。同时，课件本身也应具有设计感，为学生创造一个具有设计氛围的教学环境。

（1）模板设计

模板即课件的底图。设计教学课件的模板不宜选择PPT中自带的模板。因为设计教学课件时课程界面呈现的学习内容较为饱和，图片色彩过于丰富，正文内容与图片说明文所占比例较大，因此，模板设计应尽量简洁大方。

（2）界面设计

界面的编排元素包括模板、标题、正文、图片、图片说明文字等。这些编排元素在课件设计中宜以“标题→正文→图片→图片说明文字→提示语”这样一种呈现顺序引导学生一步步进入学习环境。因此，在界面设计时，通常遵循这一规律来把握元素的主次、大小、色彩等构成关系，在这个案例中，图专10-3所示的为图片围绕正文的半包围型（U形），图专10-4、图专10-5所示的为左右型，图专10-6所示的为上下型。这些常见的编排类型使得课件界面的学习内容层次清晰。不过在设计时，还必须根据界面中强调内容的不同而进行局部的调整。这样，编排设计才能达到它真正的目的。

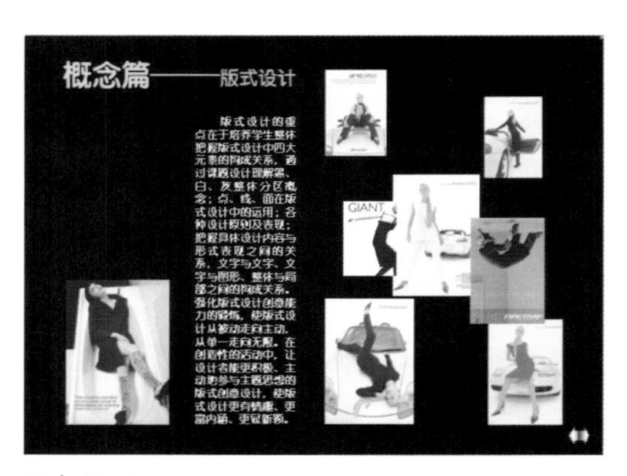

图专10-2

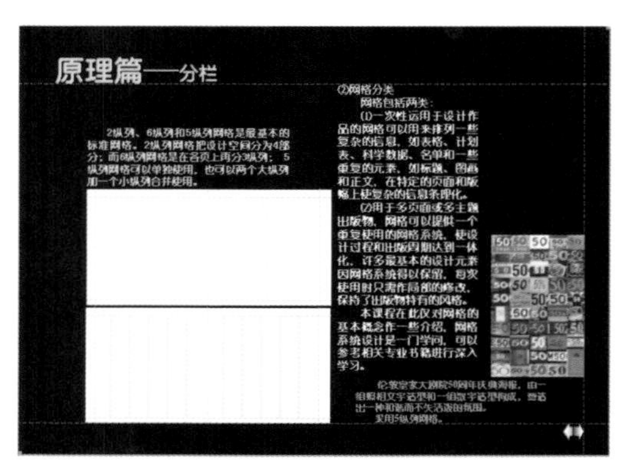

图专10-3

图专10-4

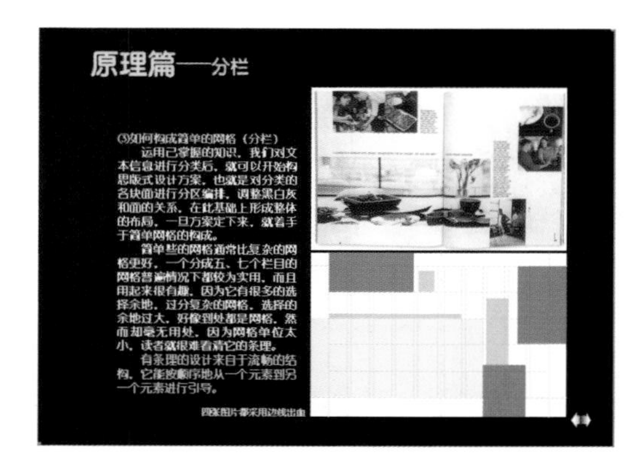

图专10-5

图专10-6

主持人提示：

① 如果相关内容必须呈现在同一界面上，则信息量过大时，应有目的地进行组块，在版面位置安排、时间呈现先后、与图片的组合上都应为学生创造良好的记忆环境，切忌将满屏文本显示给学生，造成压抑的心理感觉。

② 动画不宜变化过多，通常标题与正文的动画引入应该根据视觉习惯由左到右切入。

③ 界面正文字体应选择宋体、黑体、圆体等基本字体，不要刻意追求过于夸张的字体，以免影响学生对正文的正常阅读。正文字号应在13~20号之间，以14、16号字为宜；说明文字的字体以12、13号字为宜，在17 in（英寸）的屏幕上显示舒适易读。

④ 如果模板色彩为低明度，字体色彩应尽量选择10%～20%明度灰，不宜选择纯白等高明度色，它与模板的深色进行强对比，易产生炫目感，造成学生视觉疲劳。

⑤ 音效的增加也应视授课形式而定，通常设计课程与史论课的讲授不同，常常是将知识点进行分析后，就进入实践环节，因此，授课过程中不宜过多地增加音效而分散学生的注意力。

【案例二】会议演示文稿界面设计

大型会议中需要演示的报告，时间通常为20~40 min，文本涵盖的内容也非常广泛。多媒体电子文稿的演示，可以使报告形式更加简洁，扩大信息容量，加强报告的交互性，使报告显得直观，便于受众理解。因此，采用多媒体电子文稿方式的会议报告呈直线上升趋势。

1. 文本分析

（1）简洁性

必须熟读报告文本，按主题划分出分界面的信息呈现量。切忌按报告文稿的分段直接灌入，使界面上文字过多，密密麻麻一大版，只能使受众视觉疲劳。

（2）直观性

认真分析文本所要表达的意图，尽量以图录表格、数据表格、树状表格、饼图、柱状图等替代大段文字，使文本主题直观形象地表现出来（见图专10-7），真正起到辅助会议报告的作用。

2. 模板设计

模板是为了衬托和加强会议内容，因此设计风格应与报告内容相一致，底图及色彩应尽量弱化，以同类色为主，避免色彩的强对比；主办单位、报告主题通常在每一界面中呈现出来，以达到宣传的目的，但不宜过分强调；设计模板时，一定要计划好作为报告主题展示的版心区域的面积，通常应占界面的2/3或3/4。

主持人提示：

① 模板设计切忌孤立对待，应将界面的编排元素诸如正文、标题、图片、表格的内容与色彩考虑在内，以突出主题为目的。

② 会议报告设计任务紧急时，可以直接调用PPT中的自带模板，再调入Photoshop中进行处理，在模板中加入与会议内容相关的图片，调整图层滑块和蒙板使其隐在底图中，丰富画面，也能达到较好的展示效果（见图专10-8）。

3. 界面设计

① 大型会议的报告内容由于包含的信息量较大，章、

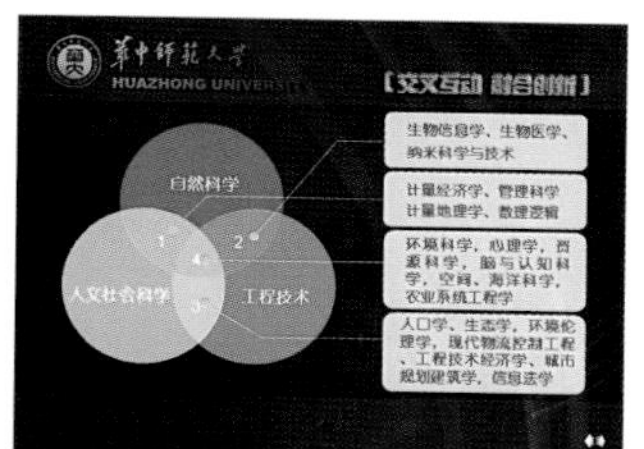

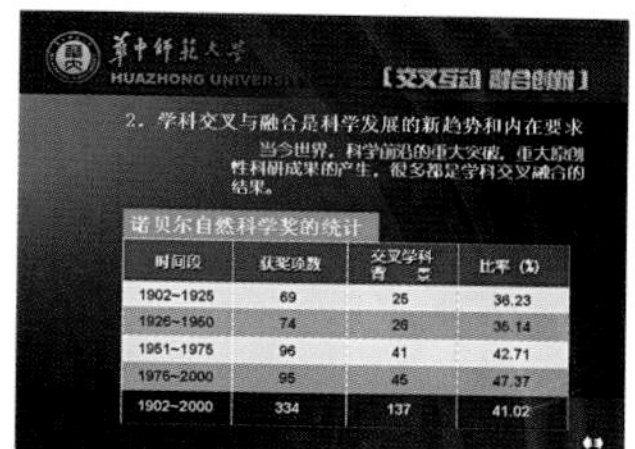

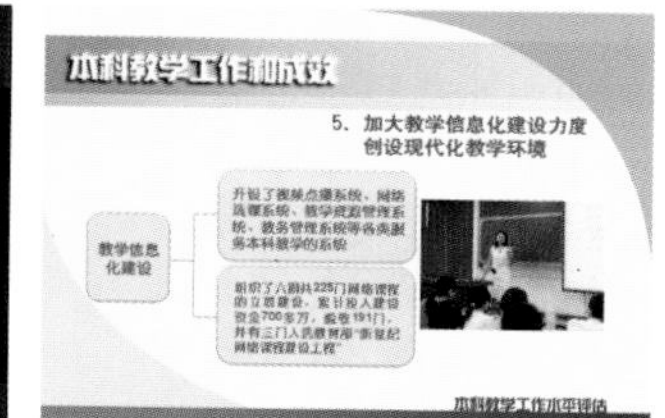

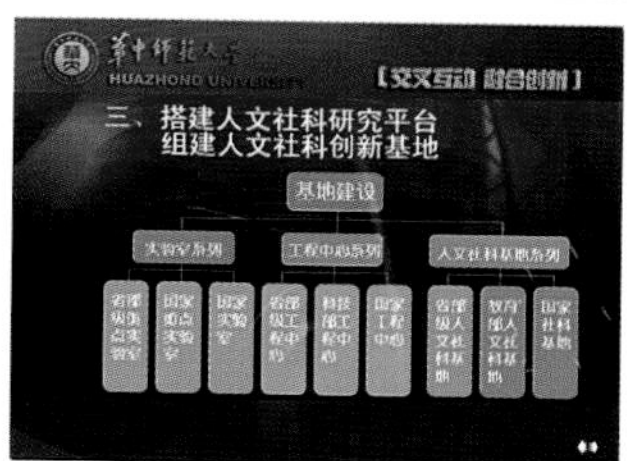

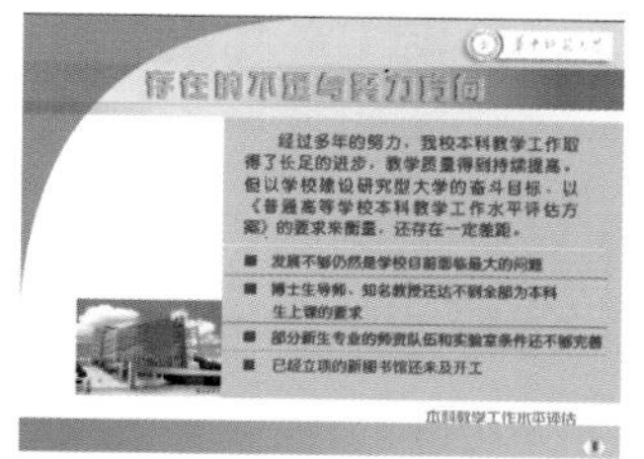

图专10-7

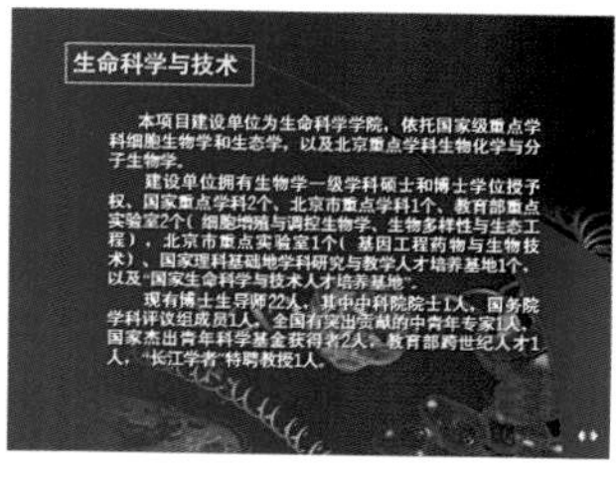

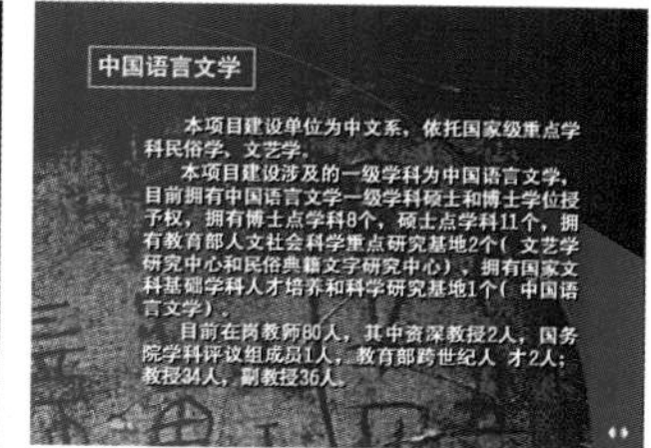

图专10-8

节的层次较复杂，要详细展现报告内容，界面通常多达40~50页，因此，界面设计中的章与章之间的界面设计要区别开，节与节之间的变化要尽量减少。通常以“章”为单位来设计界面，同章不同节的内容，界面应尽量一致、不再细分，因为过多的设计反而会影响与会者对层次关系的把握，导致整体概念不清。

② 由于会议场地一般比较大，正文字体的选择以黑体和粗圆体为宜，字号大小在18~26号之间会比较清晰、舒适；字体的色彩与模板色彩之间一定要有强烈的明度对比，切忌选择色相对比强烈但明度对比弱的色彩，这种配色关系在10 m之外字体就模糊不清，影响报告的阅读效果。

③ 正文文字区域与图片区域应分栏明确、块面化，不宜散点放置，影响信息呈现的逻辑关系。

【案例三】项目投标文件界面设计

项目投标文件的界面设计，从一般设计原理上看与前两项基本相同，但是也有其特殊之处。因为项目投标中，陈述方的报告时间通常为10~15min，这就要求报告文本必须层次清晰、主题明确、内容集中、短小精悍，界面以15~20页为宜。

1. 模板设计

为了尽可能在较短时间、较少页面内把项目投标的各种信息有效地表达出来，模板的分区必须明确、统一。模板底图应尽量围绕投标内容进行选择，营造投标氛围。

2. 界面设计

正文、说明文、图片的分区一旦确定，界面设计就不宜在位置上变化过大（见图专10-9）。

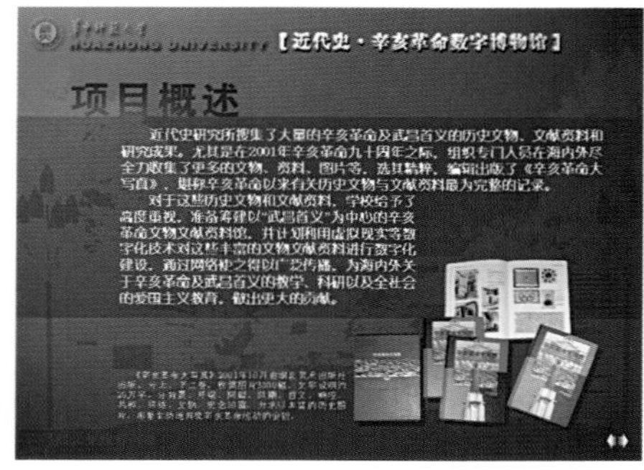

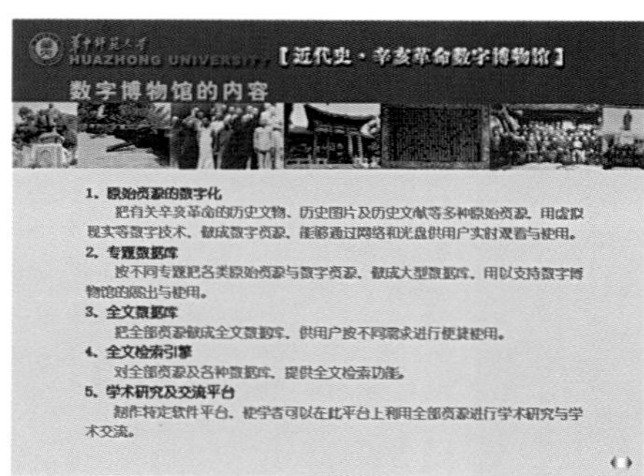

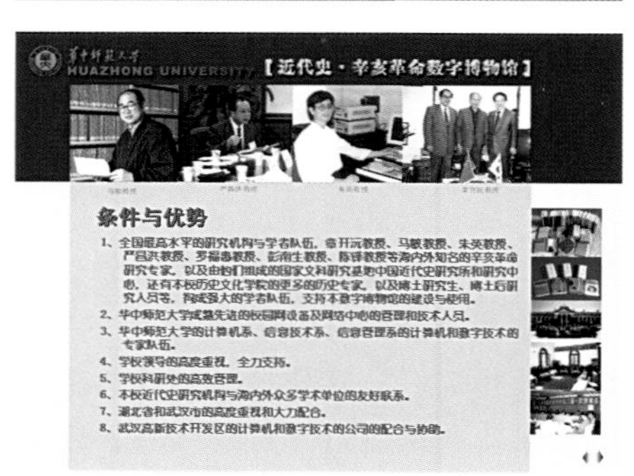

图专10-9

主持人提示：

① 如果需要插入影片和3D、Flash动画加以说明，最好通过Mpegencoderv编码软件将AVI文件压缩并重新编码为高品质的MPEG视频文件，在PPT中直接插入，演示时就不需要再打开其他插件而可以直接进行播放，影片与界面设计融为一体，加强了视听效果。

② 以主持人的个人经验而言，多媒体电子演示文稿设计完成后，一定要与报告者本人进行反复沟通，根据报告者的语速对动画时间、节奏进行调整，这样在正式演示中，界面能及时跟随报告者发言的内容，从而使媒体演示发挥最佳效果。

③ 设计者还应了解报告场地投影设备的配置，最好能采用报告场地的投影仪试播，以观察色彩的变化，因为一般投影仪都会有不同程度的偏色，通过试播可以及时校正电子文稿的色彩误差，以确保播出的质量。

专题十一

图文并茂、相辅相成
——谈谈《土家族民间美术》的版式设计

栏目主持：华中师范大学美术学院教授　辛艺华

这是一本书的版式设计（见图专11-1），想想看，这个版式中最关键的设计点在什么地方？

或许你会选择图片！或者正文文字！

《土家族民间美术》是一本图文并茂的书，共分八章，介绍土家族的民间织锦、傩戏面具、建筑、木雕等艺术，并从美学、人类学、社会学的角度对其进行分析。

图专11-1

1. 设计思路

① 正文是本书的核心，必须放置在主要区域。

② 论述的对象是土家族民间美术，图片能否直观地展现这些内容，成为本书设计的关键。这样，每个章节都会有大量的图片穿插其中，并且图片为全彩色。

设计基调：图文并茂。图不能太小，最大图片为左右对页出血，最小图片要保证看得清楚，有些图片还需要加平面图进行详细分析。

③ 图随文走。图文应相辅相成，图随文走便于读者在阅读过程中及时根据图片来理解文字内容。但是正文文字有其相对的独立性，图片只起辅助作用，不能在正文中对每一幅图进行详细的剖析。因此，决定给图片都加上说明性文字，使其在图片区域自成一体。

2. 设计难点

在确定本书的总体设计思路为图文混排的前提下，出现有些页面的图片多达数幅，既有摄影图片又有平面制作图；同时，每一张图片还有相应的文字说明，造成编排元素相对繁杂（见图专11-2），因此，将各元素、不同色彩整合在一起的整体版式设计成为本书的关键。

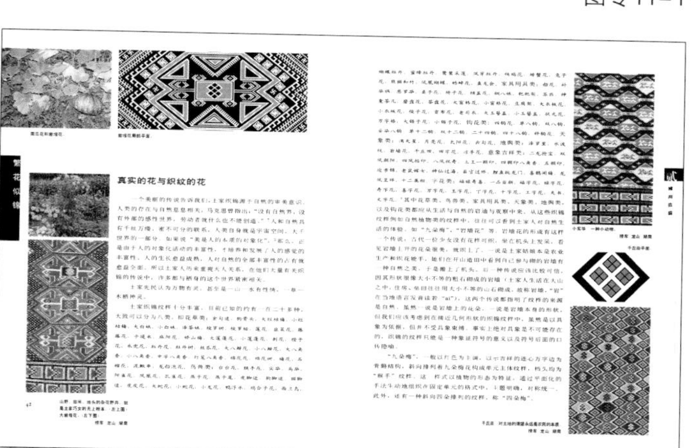

图专11-2

3. 设计方案

(1) 开本确定

首先，我们与责任编辑一同深入图书市场进行开本调查，发现32开（850 mm×1 168 mm，1/32）太小，不适合图片的布局；国际16开（880 mm×1 230 mm，1/16）太大，做出来像本画册。当时，图书市场正推出一批传统乡土丛书，例如，以黑白照片为主的《乡土中国》丛书、以彩色与黑白图片混排的《再见传统》和《造型原本》丛书、三联书店的《中国古建筑二十讲》等，开本为小16开（635 mm×965 mm，1/16），版心多采用一栏或两栏，手感和视觉效果都不错，因此将本书的开本确定为小16开。

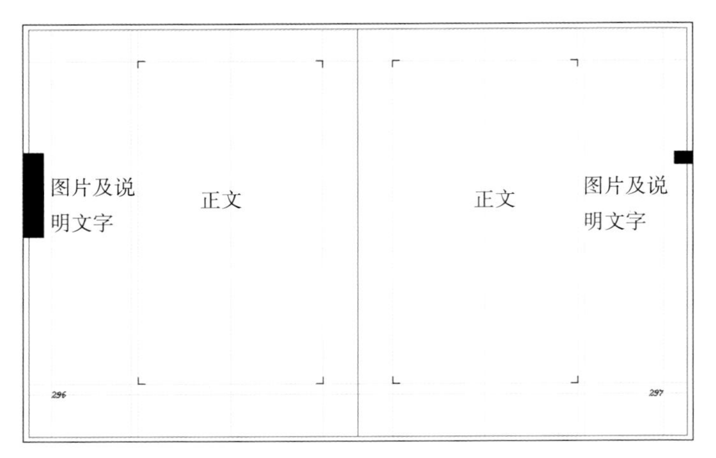

图专11-3

具体设计时，将版心设为一栏或两栏，发现图片在版心中编排时可选择的空间只能是1栏、1/2栏、1/3栏或2/3栏，图与文编排的变化与节奏略显不足；如果偶遇图片与正文各占1/2时，整个版面过于规整而显呆板，文字过于细长，面的感觉不强，而且图片显得不够大，没有气势。

经过在大32开尺寸纵向上的多次调整，并将部分正文与图片灌入测试，最后确定以787 mm×1092 mm，1/16为本书开本。

使用软件：蒙泰彩色电子出版系统V5.0B4(专业版)。

图专11-4

(2) 整体版式的框架设计

① 版心设计。

为了让正文在版式中形成大面积、高明度的灰，以调和图片丰富的色彩，版心设计主要采取主面积为正文区域，图片及说明文字围绕在四周的布局（见图专11-3)，这也是整本书的基本布局版式，贯穿于全书。

正文版心为101 mm×181 mm，图片及说明文字区域为43 mm×181 mm，正文区与图片区之间的间距为3.9 mm，页边距左、右均为12.8 mm，上为18 mm、下为30 mm。

当然，在具体设计中还可根据需要作适当的调整，图专11-4所示为图片与正文的几种不同的编排布局。

② 外框设计。

在版式设计原理中强调黑、白、灰的关系，在实战设计时，一定要注意应用。现在我们来回答开篇中提出的问题，这本书的版式设计中的“眼”在什么地方？这就是左、右页边框上的两块小黑面(见图专11-3)。由于它太小，我们也可以称为点，当这两个点与其他编排元素一同构成画面时，它实际上起到面的作用。

主持人提示：

为什么在左、右页边上分别安排两个黑色的小面？原因在于当画面有图片时，图片作为"面"，无疑就是版式中的黑色区域，与正文一同构成黑、白、灰的关系。但是如果画面中没有图片，仅正文文字，就容易使页面看起来单薄或者太灰，此时，这两个黑色小面能使页面增强力度，黑、白、灰的关系也非常明确，画面比较明朗。我们从目录页的设计可以感觉到这一局部的作用（见图专11-5）。

同时，我们将每一章节的扉页也设计为黑色底，使整本书在翻阅的过程中有重音节奏（见图专11-6）。

【小技巧】为了让读者在阅读时能清楚地知道自己的阅读位置，我们在左边小黑块上，将每一章的章名做纵向编排；在右边小黑块上以白色出血字标出章的序号，起到导航作用（见图专11-7）。

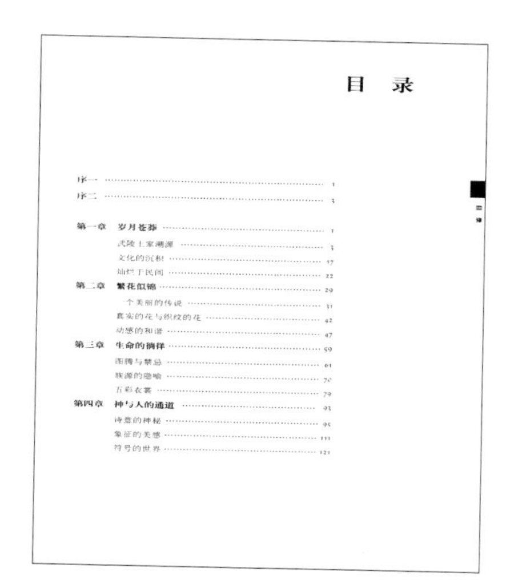

图专11-5

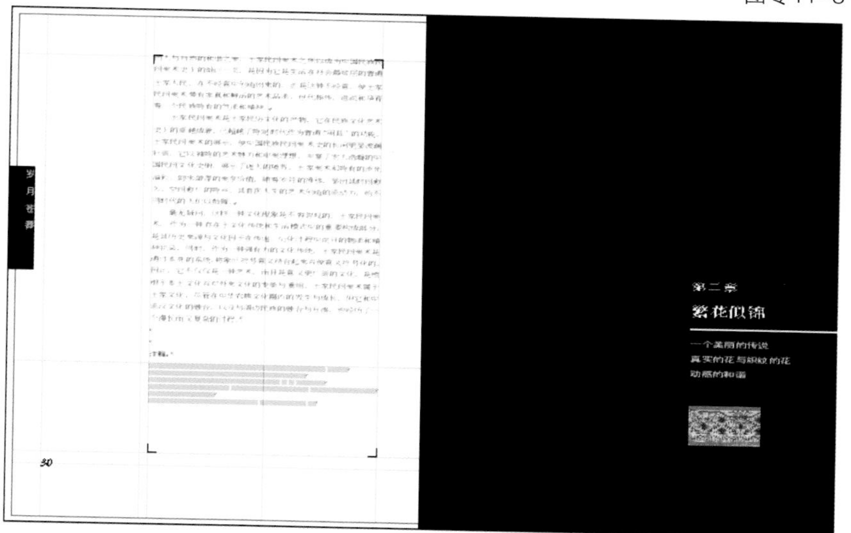

图专11-6

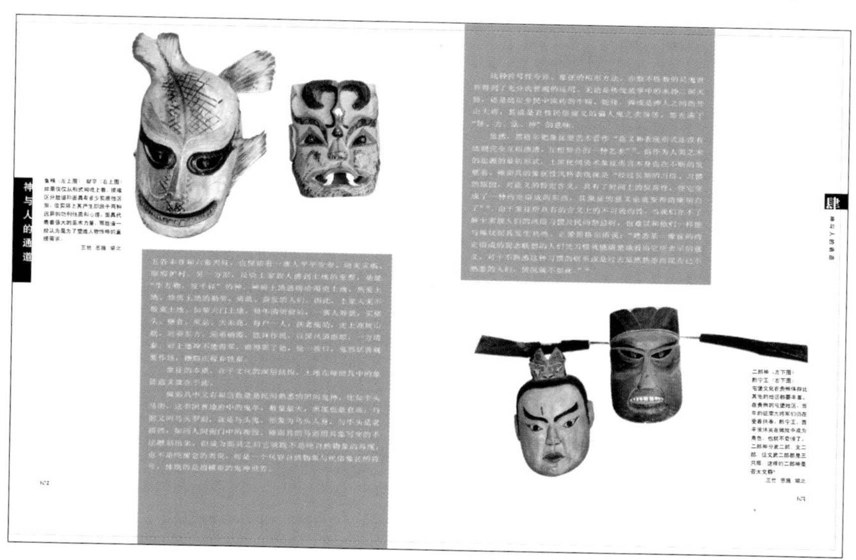

图专11-7

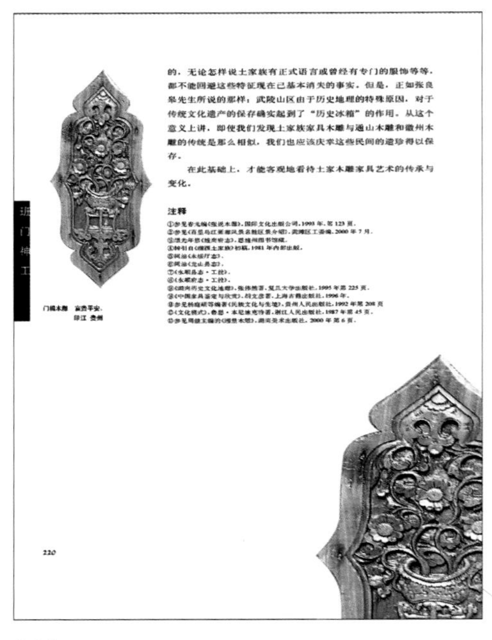

的，无论怎样说土家族有正式语言或曾经有专门的服饰等等，都不能回避这些特征现在已基本消失的事实。但是，正如张良皋先生所说的那样：武陵山区由于历史地理的特殊原因，对于传统文化遗产的保存确实起到了“历史冰箱”的作用。从这个意义上讲，即使我们发现土家族家具木雕与通山木雕和徽州木雕的传统是那么相似，我们也应该庆幸这些民间的遗珍得以保存。

在此基础上，才能客观地看待土家木雕家具艺术的传承与变化。

注释

图专11-8

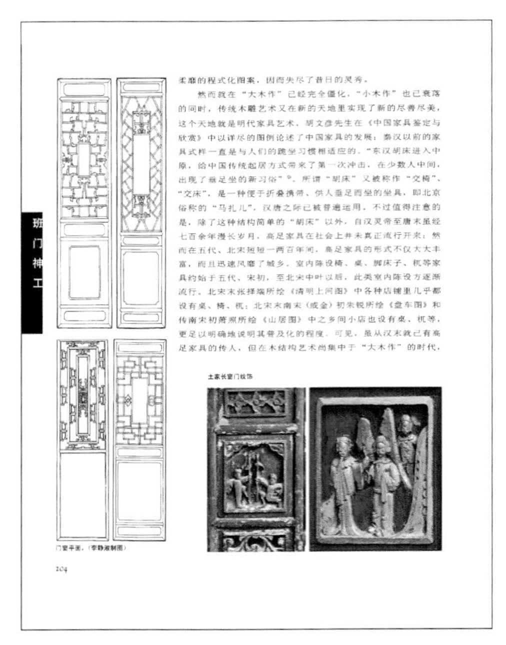

柔靡的程式化图案，因而失尽了昔日的灵秀。

然而就在“大木作”已经完全僵化，“小木作”也已衰落的同时，传统木雕艺术又在新的天地里实现了新的尽善尽美，这个天地就是明代家具艺术。胡文彦先生在《中国家具鉴定与欣赏》中以详尽的图例论述了中国家具的发展：秦汉以前的家具式样一直是与人们的跪坐习惯相适应的。“东汉胡床进入中原，给中国传统起居方式带来了第一次冲击，在少数人中间，出现了垂足坐的新习俗”⑩。所谓“胡床”又被称作“交椅”、“交床”，是一种便于折叠携带、供人垂足而坐的坐具，即北京俗称的“马扎儿”，汉唐之际已被普遍运用。不过值得注意的是，除了这种结构简单的“胡床”以外，自汉灵帝至唐末虽经七百余年漫长岁月，高足家具在社会上并未真正流行开来；然而在五代、北宋短短一两百年间，高足家具的形式不仅大大丰富，而且迅速风靡了城乡。室内陈设椅、桌、脚床子、杌等家具约始于五代、宋初，至北宋中叶以后，此类室内陈设方逐渐流行。北宋末张择端所绘《清明上河图》中各种店铺里几乎都设有桌、椅、杌；北宋末南宋（或金）初朱锐所绘《盘车图》和传南宋初萧照所绘《山居图》中之乡间小店也设有桌、杌等，更足以明确地说明其普及化的程度。可见，虽从汉末就已有高足家具的传人，但在木结构艺术尚集中于“大木作”的时代，

图专11-9

(3) 版式整体与局部的细节处理

① 加色底使画面整体关系加强。

整本书的设计除了章节引导页用了黑色底之外，基本都以无色底为主，因为图片的色彩已非常丰富，不宜再加色底。但是，我们在书的第四章“神与人的通道”的某一页面加上了色底（见图专11-7）。这一章主要介绍傩戏面具的造型，通过对图片进行抠图处理，使面具富于特色的外部轮廓形展示出来，在编排时以两个一组占一页为基调（见图专11-1）编排下来，这样，整个章节有些细碎、凌乱，因此，通过加色底，加强本章“面”的感觉。同时，也使整本书的编排在这里有了一个意外的变化。

主持人提示：

主要版式布局设计好后，在具体设计时，还应灵活掌握章节特征，将点、线、面的整体概念贯彻到底。

【小技巧】色底的色彩以面具的主要色调为主，不要用过于强烈的对比色，以免破坏文字的识别性和画面的主次关系。

② 图片进行大与小的重复，加强画面的节奏感。

本书在图片处理上力图使对象完整地展现，但有些图片放大后外轮廓形过于丰富而影响画面整体，因此通过整体与局部的处理，读者就能清楚地把握对象的造型细节（见图专11-8）。

同时，对于一些重点介绍的图片，我们将其还原为平面图，通过平面来详细展示纹样的构成关系（见图专11-9）。

【小技巧】在版式设计原理部分，我们反复强调对通过外设输入进来的图片一定要进行精心处理，切忌直接调用，这关系到书稿出版的质量。例如，图专11-10所示的土家四合院，是由胶卷冲洗出来的三张图片拼合而成的，当时，我们来到这个院落时已近黄昏，光线变化非常迅速，三张图片的拍摄时间相差也仅数秒，但冲洗出来后光线变化很大，拼图时就必须对色彩进行精心的微调，使拼成后的图片效果尽量在色调上达成一致。

图专11-11所示的版式中的两顶童帽，是直接从母亲抱着的小孩头上取下来，挂在椅子上拍摄的。如果直接调用，画面显得杂乱，主体不突出，影响对小童帽上纹样的欣赏，这就要求在Photoshop软件中用笔尖工具一点点抠图去掉背景，同时，在删除背景时一定要给一个像素的羽化值，使帽子的轮廓边缘自然过渡而不显得生硬。图专11-12所示的版式上方的椅子也是采用同样的方法使椅子与背景分离的。

图专11-10

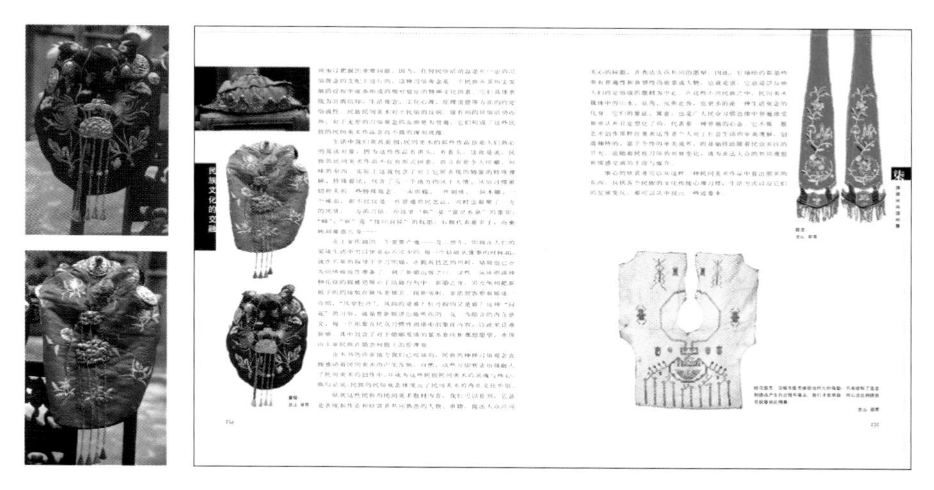

图专11-11

（4）纸材确定

经过几个月的苦战，完成了书籍的整体设计，接下来就是纸材的选定。为了将民间乡土味表现出来，我们选择了米黄色150 g蒙肯纸，图片印在略带黄色的纸上，拿在手上仿佛能嗅到泥土的芳香。

附录

专著《土家族民间美术》的版式设计由辛艺华教授承担，该书获得由中华人民共和国新闻出版总署、中国美术家协会主办的第六届全国书籍装帧艺术展整体设计铜奖。本专题获第七届全国书籍设计艺术展最佳论文奖。

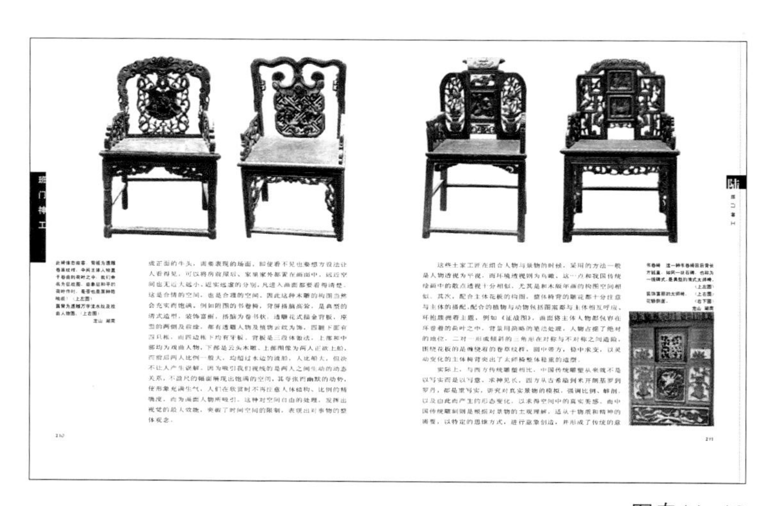

图专11-12

课 时 安 排

建议80课时（16课时×5周）

章 节	课 程 内 容	重、难点提示	课时
第一章 版式设计概念	第一节　版式设计概念导入 第二节　传统中国书籍的版式	(1) 何为版式设计； (2) 版式设计的目的； (3) 文字信息与视觉信息的转换； (4) 中国传统书籍版式设计认识	6
第二章 版式设计原则	第一节　整体性原则 第二节　简洁性原则	(1) 版式设计中整体概念的引入； (2) 运用平面构成原理，将版式中的信息元素抽象为几何形，分析其黑、白、灰的整体布局关系； (3) 理解正文文本在版式中所呈现的不同明度的灰	10
第三章 版式设计原理	第一节　分类 第二节　分区 第三节　分栏	(1) 建立文本分类习惯； (2) 根据分类确定版式设计中信息元素的分区； (3) 中心内容的提炼、选择与表现； (4) 空白空间的使用； (5) 分栏原理的设计实践； (6) 处理点、线、面的构成形式与黑、白、灰的整体布局关系，把握版式的协调性与空间感	20
第四章 文字的编排	第一节　字体 第二节　字号、字距、行距、字系、标题字 第三节　正文文字编排的基本形式	(1) 理解字体所体现出的内在气质； (2) 处理标题字与正文之间的关系； (3) 标题字的色彩处理； (4) 字体的灰度编排； (5) 文字编排实战练习与评估	20
第五章 图形与文字的编排	第一节　图形与文字的对比关系 第二节　图形与文字编排的基本形式 第三节　展开页的整体设计	(1) 把握项目主题与图片选材、形式表现之间的关系； (2) 图形与文字之间的对比与编排； (3) 把握系列设计中的项目主题、信息呈现的视觉结构、形式语言风格的处理	24
教学方法	(1) 采用案例分析的方法，通过对优秀版式设计作品的剖析和模仿，引导学生建立版式设计的整体概念； (2) 采用研究性学习的方法，确定专题性课题设计，从而引导学生在实战训练中熟练掌握设计原则